"十四五"职业教育国家规划教材

西餐面点基础

Xican Miandian Jichu

西餐烹饪专业

主编 李 娜 张立祥

U0272912

高等教育出版社·北京

内容简介

本书是"十四五"职业教育国家规划教材，是按照"理实一体化""做中学、做中教"等职业教育教学理念及行业标准编写的。

本书从"初识西餐面点"引入课程内容，共分七大项目，主要内容包括：走进西餐面点厨房，西餐面点主料，西餐面点辅料，蛋糕制作工艺，面包制作工艺，酥类、饼类制作工艺，甜点及其他制作工艺。全书内容丰富，结构科学合理，深入浅出，使用了大量实物图片，直观易懂，充分体现了实用性原则。

本书配有在线开放课程（MOOC）和学习卡资源，按照"本书配套的数字化资源获取与使用"及书后"郑重声明"页中的提示，可获取相关教学资源。

本书适用于职业院校西餐烹饪专业学生，也可作为西餐烹饪行业的岗位培训教材及从业人员参考用书。

图书在版编目（CIP）数据

西餐面点基础 / 李娜，张立祥主编 . -- 北京：高等教育出版社，2022.2（2024.11 重印）
ISBN 978-7-04-057723-5

Ⅰ . ①西… Ⅱ . ①李… ②张… Ⅲ . ①西点 - 制作 -中等专业学校 - 教材 Ⅳ . ① TS213.23

中国版本图书馆 CIP 数据核字（2022）第 019808 号

策划编辑	苏 杨	责任编辑	苏 杨	封面设计	贺雅馨	版式设计 王艳红
责任校对	刘俊艳 刘丽娴	责任印制	沈心怡			

出版发行	高等教育出版社	网 址	http://www.hep.edu.cn	
社 址	北京市西城区德外大街 4 号		http://www.hep.com.cn	
邮政编码	100120	网上订购	http://www.hepmall.com.cn	
印 刷	运河（唐山）印务有限公司		http://www.hepmall.com	
开 本	889mm×1194mm 1/16		http://www.hepmall.cn	
印 张	14.5			
字 数	310 千字	版 次	2022 年 2 月第 1 版	
购书热线	010-58581118	印 次	2024 年 11 月第 5 次印刷	
咨询电话	400-810-0598	定 价	36.80 元	

本书如有缺页、倒页、脱页等质量问题，请到所购图书销售部门联系调换
版权所有　侵权必究
物 料 号 57723-A0

本书配套的数字化资源获取与使用

 在线开放课程（MOOC）

本书配套在线开放课程"西式烘焙"，可通过计算机或手机App端进行视频学习、测验考试、互动讨论。

● **计算机端学习方法：** 访问地址 http://www.icourses.cn/vemooc，或百度搜索"爱课程"，进入"爱课程"网"中国职教MOOC"频道，在搜索栏内搜索课程"西式烘焙"。

● **手机端学习方法：** 扫描下方二维码或在手机应用商店中搜索"中国大学MOOC"，安装App后，搜索课程"西式烘焙"。

扫码下载 MOOC App

西式烘焙

 Abook 教学资源

本书配套电子教案、教学课件等教辅教学资源，请登录高等教育出版社Abook网站http://abook.hep.com.cn/sve获取相关资源。详细使用方法见本书"郑重声明"页。

注册　　　　　登录　　　　绑定课程

访问网站 abook.hep.com.cn/sve，　　需匹配用户名、　　　输入教材封底所附学习卡
自行设定用户名、密码，留下常用邮箱　密码、验证码　　　上的密码，免费获取资源

扫码下载 Abook App

 二维码教学资源

　　本书配套微视频、知识链接等学习资源，在书中以二维码形式呈现。扫描书中的二维码进行查看，随时随地获取学习内容，享受立体化阅读体验。

前　言

随着我国乃至世界经济的快速增长，西餐已经全面走进中国的餐饮市场，西餐面点作为西餐的重要组成部分，越来越受到人们的喜爱。西餐面点从业人员必须具有较高的综合素质、扎实的理论基础、较强的实操技术以及继续学习与创新的能力，拥有劳动精神、奋斗精神、奉献精神、创造精神、勤俭节约精神、工匠精神。了解西餐面点、明确西餐面点岗位职责、熟知西餐面点原料知识、掌握西餐面点产品的制作工艺是西餐烹饪专业学生的必修知识。

《西餐面点基础》是结合西餐专业的培养方向以及未来的岗位需求编写的。编写《西餐面点基础》前，编写人员做了调查分析，走访了多家用人单位，与国内外烘焙行业的专家及优秀毕业生进行座谈交流，参考了行业相关标准，为教材的编写做了大量调研工作，使之能更好地体现产教融合。

岗位上的行动领域是进行职业教育教学的可靠依据，学习项目的确立必须与行动领域有效对接，实现工作过程学习化、学习过程工作化。西餐面点的工作范围非常广泛，在确定学习项目时不可能全部列入，必须对此进行整合、设计，最终确定为典型的工作任务。为此，《西餐面点基础》内容包括：初识西餐面点，走进西餐面点厨房，西餐面点主料，西餐面点辅料，蛋糕制作工艺，面包制作工艺，酥类、饼类制作工艺，甜点及其他制作工艺。本书内容丰富，图文并茂，科学完整，深入浅出，适于西餐烹饪专业学生，也可作为岗位培训教材，以及在职人员参考。本书配有在线开放课程（MOOC）和微课视频等学习卡资源，便于信息化教学使用。由于地域差异，教师在使用本教材时，可视本地区情况对内容适当增减。

"西餐面点基础"课程为 108 学时，本教材学时分配建议如表 1，各校可根据实际情况参考使用。

表 1　学时分配表

项目	理论学时	实践学时
初识西餐面点	1	1
项目 1　走进西餐面点厨房	3	3
项目 2　西餐面点主料	6	6
项目 3　西餐面点辅料	5	5
项目 4　蛋糕制作工艺	4	12

续表

项目	理论学时	实践学时
项目 5 面包制作工艺	8	18
项目 6 酥类、饼类制作工艺	4	12
项目 7 甜点及其他制作工艺	5	15
共计	36	72
总计	108	

　　本教材由高级教师李娜和高级技师张立祥主编。具体编写分工如下：初识西餐面点、项目 2、项目 4、项目 5 和项目 7 由李娜编写，项目 1、项目 3 和项目 6 由张立祥编写。本书在编写过程中，参阅了众多专家、学者以及美食爱好者的专著或文献，同时参考了互联网上的有关资源，由于篇幅有限不能一一注明，感谢的同时还请原作者见谅。本书在编写过程中得到了高等教育出版社的大力支持，得到了辽宁省基础教育教研中心、锦州市现代服务学校领导和行业专家的悉心指导，在此一并表示衷心的感谢！

　　由于时间仓促，水平有限，不妥之处敬请批评指正，以便进一步完善。如有意见请发送至读者意见反馈信箱：zz_dzyj@pub.hep.cn。

编者

2022 年 11 月

目 录

初识西餐面点

小李刚刚成为中等职业学校西餐专业西点方向的一名学生，全新的西点领域使他充满了好奇，在西点大家族的发展进程中，美味的蛋糕、奇妙的面包、迷人的点心都有着怎样的传奇故事呢？亲爱的同学们，和小李一同走进西点的世界，在知识的海洋里探奇览胜吧。

从偶然获得到准确控制，西点的起源记载着人类进步的文明史。了解蛋糕、面包发展的艰辛历程，感叹人类的智慧与文明，作为新一代的西点师，我们要以史为鉴，学好专业知识，为人类饮食文化的进步画上浓墨重彩的一笔。

一、西餐面点文化简史

（一）历史背景

据史料记载，谷类食物在史前时代已成为人类重要的主食之一。由于烹饪器具的缺乏，最早人们只是将谷类食物晾晒成干谷食用。后来，人们发现碾磨成粉末的干谷加水调成面糊，放在火边的石头上，被烤成面饼干后，味道会很好。至今，未经发酵的面包干在许多地方还是很重要的食品。

（二）西餐面点的起源

古希腊时期，大自然的美味逐渐被人们发现并合理利用。人们将天然的蜂蜜和油脂混合到面粉里制成了面油饼，改变了当时单一的饮食习惯。埃及是最早栽培种植小麦的国家之一，在小麦出现后，埃及人逐步掌握了用谷物制作食品的技术。那么，有一些食品（如小麦面粉的粉团等）就有可能出现因剩余而发酵的现象，这就是最早的自然发酵。当人们对这种发酵了的面团进行成熟时，创造出了松软可口的弹性食品。古埃及的一幅绘画，展示了公元前 1175 年底比斯城的宫廷焙烤场面。从画中可以看出几种面包的制作情景，说明有组织的烘焙和专用的模具在当时已经出现。埃及人最早发现并采用发酵法来制作面包。当时，普通市民用做成动物形状的面包代替活物来祭神，有一些富人还捐款作为基金，奖励那些在面包制作方面有所创新的人。这些都极大地促进了当时烘焙行业的发展。

几个世纪后，古罗马人制作了最早的蛋糕，并开始批量生产面包，有了专门从事面包制作的人，职业面包师的出现加快了面包的发展速度。

从偶然的获得，到准确的控制，西餐面点（也可简称为西点）的起源记载着人类进步的文明史。

（三）西餐面点的发展

人类的发展进程不是一帆风顺的，西餐面点的发展也同样波折。在罗马帝国灭亡后，烘焙师这个职业几乎消失了，烘焙和面点行业的发展停滞了。直到中世纪后期，在宫廷及贵族们需求的带动下，烘焙和面点行业再次迎来了春天。

15 世纪末，蔗糖和可可粉的出现，给面点制作带来了一场大的革命。烘焙不再仅仅依靠单一的甜味品——蜜糖。欧洲文艺复兴时期，初具现代风格的糕点开始出现。大量新配方、新工艺的涌现，使得烘焙产品制作越来越精细。

在 17 和 18 世纪，酵母发酵原理的发现和酵母的生产运用，以及烤炉温度的控制、调节，使得面包制作技术有了极大的提高。伴随着面包产业的不断发展，面包工业逐步兴起，面包师和糕点师开始成为独立的职业。随着磨面技术的改进，更优质的面粉为现代烘焙生产创造了有利条件。

（四）现代烘焙业的发展

18 世纪末，在西方政体改革、近代自然科学和工业革命的历史条件下，一直隶属于皇室和贵族的面包师和糕点师们得以解放，拥有较高手艺的他们开始独立经商，用产品质量来赢得顾客。在这种大环境的影响下，越来越多的原材料涌进烘焙室，聪明勤劳的面包师和糕点师们研发了很多新工艺，这是现代烘焙时代的开始，也是烘焙行业飞速发展的时期。维多利亚时代是西点发展的鼎盛时期。这一时期的西点生产开始从作坊式操作转换为现代化工业生产，并逐步形成了一个完整和成熟的体系。

当前，烘焙业在欧美乃至世界上很多国家都十分发达，西点不仅是西餐的组成部分，还是一门独立而庞大的食品加工行业。西点在人们特别是西方人生活中的重要地位使得烘焙原理、工艺条件、技术装备逐步成为科学技术研究的重要领域。近几十年，有很多国家成立了专门从事烹饪教学和研究的学校，如法国蓝带厨艺学院等。

原料专业化、中间产品商业化是烘焙行业发展的动向。原料专业化是指烘焙食品所用原料特别是面粉和油脂这样的主料分类更细致、更专业，以适应不同的西点产品需要。目前，烘焙食品中的一些中间产品（半成品），包括馅料、装饰料，甚至面团和浆料都已经成为商品，制作者根据实际需要直接选购即可。原料专业化、中间产品商业化为西点制作带来了极大的方便。

营养与健康的理念逐步改变了人们的饮食习惯，低糖、低脂、少添加剂或无添加剂的天然食品越来越受到人们的追捧，添加了大豆蛋白粉、燕麦粉甚至全麦粉的高蛋白、高纤维的西点产品开始引领时尚。

将快速冷冻技术应用于烘焙食品中，产生的果冻、慕斯蛋糕、布丁及冰淇淋等甜点，占领了都市年轻人及上班一族的巨大市场。

二、西餐面点的分类和特点

（一）西餐面点的概念

西餐面点又称西式面点，简称西点，是来源于欧美国家各式点心的总称，是以面粉、糖、油脂、鸡蛋和乳品为主要原料，辅以干鲜果品和调味品制成的色、香、味、形俱佳的营养食品。

（二）西餐面点的分类

西餐面点品种繁多，制作方法多种多样，因国家和地区不同，工艺流程及产品名称各有区别。到目前为止，国际上没有统一的西餐面点分类标准，为了更好地学习西点的相关知识和技能，本书将西餐面点分为面包类制品、蛋糕类制品、饼干类制品、油酥类制品、甜点类制品及其他类制品等。

每一类制品可以依据不同质地、口味、面团性质、成形方式、装饰（组装）等，进行更加细致的分类。如：面包类制品依据质地可分为硬质面包和软质面包，依据口味可分为甜面包和咸面包。

下面对行业中常见西餐面点的分类方法做简单介绍。

1. 按温度分类

可分为常温西点、冷点和热点。

2. 按口味分类

可分为甜点和咸点。带咸味的西点品种主要有咸面包、汉堡包、三明治等；甜点种类较多，包括蛋糕、饼干、派、塔和布丁等。

3. 按用途分类

可分为主食类、餐后甜点类、茶点及大型节日糕点等。

4. 按加工工艺及坯料性质分类

可分为蛋糕类、面包类、酥点类、饼干类、冷冻甜点类、巧克力类、艺术造型类等。

（1）蛋糕类。蛋糕是以鸡蛋、糖、面粉为主，奶酪、巧克力、果料等为辅，经一系列工艺加工制成的具有浓郁蛋香、质地松软的制品。蛋糕制品最大的特点是鸡蛋使用较多，原辅料混合后形成的是浆料而不是面团，这部分内容将在本书的项目 4 中详细介绍。

（2）面包类。面包是一种以面粉、酵母为主，油、糖、蛋、乳等为辅的发酵烘焙食品。面包种类繁多，工艺复杂，这部分内容将在本书的项目 5 中具体介绍。

（3）酥点、饼干类。酥点主要原料是面粉和油脂，因制作工艺不同，具体可分为清酥和混酥两大类，常见的塔、派均属于酥点制品。饼干类制品主要以面粉、油脂为主，辅以蛋、奶等，经加工烘烤而成，一般食用场合多为酒会或茶话会等。这部分内容在本书的项目 6 中有具体讲解。

（4）冷冻甜点类。冷冻甜点是一类经冷藏后食用的点心，种类繁多，造型各异，主要有果冻、布丁、慕斯、冰淇淋等。布丁及慕斯等在本书的项目 7 中有详细说明。

（5）巧克力类。巧克力类西点是指直接使用巧克力或以巧克力为主，配以其他辅料制成的产品。西餐面点上主要是用巧克力作为辅料或装饰料。

（6）艺术造型类。艺术蛋糕造型多样，集食用性与欣赏性于一体。精致的面包篮、庆典蛋糕、生日蛋糕、糖花制品等都是艺术性在西餐面点上的完美体现。

（三）西餐面点的特点

1. 选料广泛，搭配合理，品种繁多

可用于制作糕点的原材料极为丰富，不仅包括常用的主要原材料（如面粉、鸡蛋、糖、油脂、乳品等），还包括辅助原料（如蔬菜、果品、水产品、畜禽肉、调味料等）。在充分利用各种食材的基础上，通过科学合理的搭配，使西餐面点形成了品种丰富、风味多样的特点。

2. 用料讲究，称量严谨，保质保量

西餐面点在用料广泛的基础上，更加注重原料的精挑细选。如制作面包要选用筋力强的面包专用粉；制作戚风蛋糕时，糖要选用细腻的砂糖粉；糕点中用到的鸡蛋必须保证新鲜等。

在烘焙中，为了保证产品的质量，需要严格按照材料配方比例进行称量。因为生产过程中任何一种原料质量的变化，都有可能造成最终产品味道或外观的改变。

3. 制作精细，讲究造型，艺术美观

大多数的烘焙产品生产过程中，都需要严格按照工艺流程进行操作，准确把控每一道工序。西餐面点的造型技术要求高、艺术性强，形态的变化，不仅丰富了花色品种，而且体现了制品的特色。各种生日蛋糕、节日蛋糕、婚礼蛋糕等是人们口中的甜美食物，更是一件件让人赏心悦目的艺术品。

4. 注重营养，科学加工，绿色健康

西餐面点的主要原料（油、糖、蛋、奶等）都是高营养、高热量的食材，通过科学合理的选用、加工，保留了食材绝大部分的营养物质，使制品具有丰富的营养，既美味又健康。

三、西餐面点在西方饮食中的地位

西点是西方人生活的重要组成部分。西点作为主食，一日三餐中几乎每餐都有；甜点是正餐的最后一道菜；喝下午茶是西方人的传统习惯，茶点应运而生；在欧美国家，家庭聚会时几乎每个家庭主妇都会自己亲手制作蛋糕；一些特殊的节日，人们还会制作盛大的节日蛋糕来庆祝。

人们钟爱西点的营养与美味，同时，从事西餐面点工作的烘焙师，成为人们喜爱和尊敬的职业。今天，成熟的烘焙技术，原材料的无国界使用，为烘焙食品制作提供了无限可能。年轻的西点师们要不断学习，不断进步，创作出更多、更美的西点产品。

西餐面点常用词汇
中英文对照表

走进西餐面点厨房

　　小宋在一家酒店西饼房实习，聪明好学，很快就可以单独完成工作任务了。但是，他有个不好的习惯，做事总是马马虎虎，物品摆放也不规范，经常随处乱放、现用现找。虽经多次提醒，但他不以为然。不久，由于小宋的疏忽，醒发箱进水口没有打开。如果不是领班及时发现，损失的就不是几盘面包，而是整个醒发箱都有可能被烧坏，最终，小宋被实习单位退回。

　　这个案例告诉我们，在西餐面点厨房，员工要时时严守岗位职责，认真完成工作。西餐上的工具设备都有专门的用途，工作中必须熟悉设备的使用与保养方法，不得有半点马虎，不然如小宋一样出错就不好了。

任务 1.1 西餐面点厨房岗位描述

任务目标

知识：1. 了解西餐面点厨房岗位要求。

2. 掌握西餐面点厨房工作流程。

能力：1. 能规范着装，注重仪容仪表。

2. 明确厨房卫生标准，培养良好职业素养。

知识学习

一、西餐面点厨房工作人员基本要求

（一）职业道德

1. 尽职尽责，爱岗敬业

逐步树立正确的职业理想，充分发挥自己的主观能动性，工作积极，勤于动手动脑，不可偷懒耍滑。要全心全意地投入到工作中，热爱自己所在的岗位，树立责任意识，对自己负责，对产品负责，对顾客负责。

2. 彼此尊重，团结协作

建立良好的同事关系，工作中互相协作，互帮互助互学。

3. 绿色烹饪，科学环保

操作中要物尽其用，科学合理使用能源，杜绝浪费现象，严格遵守《食品安全法》等法律法规，坚决不使用违规原材料。

（二）个人着装的基本要求

1. 仪表

走进西点操作室的工作人员，要求穿戴整齐，具体包括穿工作服，戴工作帽、口罩、围裙、工牌，穿工作鞋等（图 1-1-1）。

2. 仪容

男士要求不留长发（头发前不遮眼、旁不掩耳、后不过际），不留胡须，面部干净，指甲短净。

女士要求将头发盘起，做到帽不漏发，面部干净，不化浓妆，指甲短净，不染指甲。

仪容的正、侧面见图 1-1-2。

图 1-1-1　仪表（正、侧、背面）

图 1-1-2　仪容（正、侧面）

（三）岗位技能的基本要求

岗位技能的基本要求为：

（1）全面掌握各种西餐面点的制作方法和工艺流程，能正确使用各种工具和机械设备。

（2）掌握各种原材料的特性，能根据糕点的品种，正确使用原材料。

（3）熟悉西餐厨房生产流程，不断提高工作效率，严格执行质量标准。

（4）各部门分工合作，顾全大局，保质保量地完成工作任务。

（5）刻苦钻研、虚心学习、扎实勤练，不断提高技能水平。

拓展阅读

二、西餐面点厨房组织结构

厨房的组织结构，应该根据餐厅等级、规模、类型及具体经营目标而定。组织结构的设计应以实际需要出发。建立合理的组织结构，不仅要能够满足餐厅的经营需求、保证生产和服务的质量要求，还要使部门设置、人员规模合理化，通过整体规划，提高生产效率。

对于小型的西餐厨房及经营品种相对单一的特色餐厅来说，厨房的组织结构相对简单。现以传统大型西餐厨房为例，介绍西餐面点厨房的组织结构及人员结构。

（一）西餐面点厨房的构成

西餐面点厨房包括原料储存间、原料初加工间、半成品加工间、制品成熟间和出品间（图 1-1-3）。

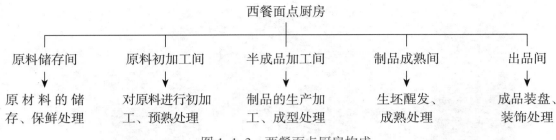

图 1-1-3 西餐面点厨房构成

（二）西餐面点厨房人员结构

西餐厨房面点部人员结构如图 1-1-4。

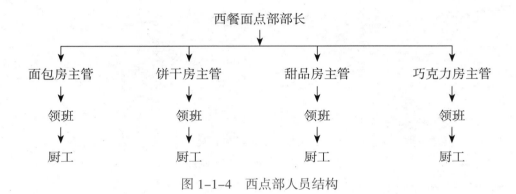

图 1-1-4 西点部人员结构

三、西餐面点厨房的基本工作流程

（一）西餐面点师的工作任务

西餐面点师是指通过学习烘焙技术，掌握相应技能，取得相应职业技能等级证书，能够独立加工、制作各式西点的专业技术人员。

西式面点师的工作任务：根据客情领用各种主料、配料等，做好餐前准备；根据面包、糕点、甜品的不同操作流程、合理安排工作程序；准确掌握产品标准，保证产品品质；减少浪费，控制成本；严格执行食品卫生法规，杜绝食品卫生与安全事故。

（二）西餐面点厨房的工作流程

西餐面点厨房的工作流程如图 1-1-5 所示。

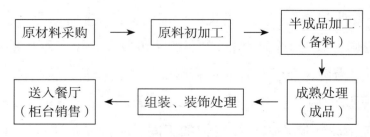

图 1-1-5 西餐面点厨房工作流程图

四、西餐面点厨房的卫生要求

严格控制好食品、加工设备及环境的卫生，是厨房管理的重要工作。针对西餐面点厨房的工作性质，对工作间的环境及操作人员的卫生标准有严格而明确的规定，工作中要认真落实、严格监督。

1. 操作间的环境卫生要求

（1）操作间整洁、明亮，空气畅通，无异味。

（2）物品摆放整齐有序，方便使用。

（3）工作台、用具、器皿、机械设备清洁光亮，无污物、杂物。

（4）冰箱、冰柜要保持清洁，内部摆放有序、整洁，无变质物品，无异味。

（5）定期进行彻底的卫生清扫，排除死角，保证卫生要求。

2. 操作卫生要求

（1）操作人员必须持有健康证。

（2）讲究个人卫生，勤洗手；着装上岗，工作服清洁。

（3）操作用具、器械保持整洁并定期消毒。

（4）不得使用不符合标准的原料，做到生熟食品分开、半成品与成品分开。

（5）做好台面、地面、机械设备的清洁工作，要求干净、整齐。

3. 工作台的清洗方法

（1）将工作台上的物品原料清理干净。

（2）使用刮刀或其他用具将工作台上的面污、附着物刮下。

（3）使用抹布等工具将工作台上的污物收拾干净。

（4）使用清水洗刷工作台，将污水抹入盆里然后倒掉，反复数次，直到工作台干净。

（5）最后使用干净的抹布将工作台擦拭干净。

4. 工作间地面的清洁方法

（1）将地面清扫干净，处理垃圾。

（2）使用清洗剂清洗地面油渍。

（3）墩布清洗干净，去除水分，从里到外，倒退式擦拭地面。

（4）擦拭过的地面自然风干后才可进入。

5. 抹布的清洗方法

（1）将抹布与清洗剂一起放到水里煮沸 10 min。

（2）晾凉后将抹布放到清水里清洗干净。

（3）通风晾晒备用。

能力培养

实践项目：清扫工作间

一、实践过程

1. 教师将工作间划分为不同的区域，给同学们分配清理任务，讲述清扫要求，明确检查标准。

2. 同学们按照自己的任务，到不同的区域清理、打扫。

二、实践结果

1. 开展互查互比活动。

2. 同学之间交流清扫心得，总结经验。

任务反思

西餐面点工作间怎样才能达到无味、无污、无杂？

任务 1.2　西餐面点厨房常用工具

任务目标

知识：1. 认识西餐面点厨房常用工具。

　　　2. 了解常用工具的应用范围。

能力：1. 能正确使用常用工具。

　　　2. 掌握常用工具的保养方法。

知识学习

西点制品配方精准，工艺严谨。准确的称量、合理的加工是西点制作的基本要求，也是产品质量得以保证的必备条件。

一、称量及分离工具

（一）称量工具

1. 电子天平

电子天平（图 1-2-1）是一种精密的称量器具，可精确到 0.1 g，主要用于剂量很小的原材料（如各种食品添加剂）的称量。

2. 电子计量秤

电子计量秤（图1-2-2）相当于以前的台秤，主要用于剂量较大的原料的称量。

3. 量杯

量杯（图1-2-3）用于称量 10 g 以上的液体原料。常见的量杯有塑料、玻璃、不锈钢等材质。

图 1-2-1　电子天平　　　　　图 1-2-2　电子计量秤　　　　　图 1-2-3　量杯

4. 量匙

量匙（图1-2-4）有 1/4 小匙、1/2 小匙、1 小匙、1/2 大匙、1 大匙等型号，用于称量少于 10 g 的干性原料，称量时以一平匙为准。

5. 温度计

温度计（图1-2-5）主要用于测定面团温度、油温、水温及室温等。

6. 电子计时器

在西点制作过程中有时需要对时间准确把握，这时就需要使用电子计时器（图1-2-6）。

图 1-2-4　量匙　　　　　　图 1-2-5　温度计　　　　　图 1-2-6　电子计时器

职业好习惯

　　电子产品不能直接与水、油等液体接触，否则易被腐蚀而失去准确性，因此在使用过程中要注意卫生，在称量液体原材料时要使用盛装容器。

（二）分离工具

1. 面粉筛

面粉筛（图1-2-7）主要用于粉类原料的过筛。用除去杂质或大颗粒后的粉料生产的产品组织更加均匀细腻。面粉筛也用于一些液体混合物的过滤，如蛋挞水等。

2. 分蛋器

有些西点产品制作过程中需将蛋白与蛋黄分开，如戚风蛋糕等。分蛋器（图 1-2-8）的出现解决了传统手工法分蛋时蛋白、蛋黄易混的问题。

图 1-2-7　面粉筛

图 1-2-8　分蛋器

二、搅拌工具

1. 电动搅拌器

电动器一般用于少量的蛋液、鲜奶油、黄油或面糊等的搅打。它的特点是方便、灵活、快捷。图 1-2-9 和图 1-2-10 是常见的电动搅拌器。

图 1-2-9　鲜奶搅拌器

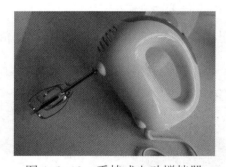
图 1-2-10　手持式电动搅拌器

2. 手动类搅拌工具

（1）手持打蛋器。手持打蛋器（图 1-2-11）适用于简单的手动操作，速度不快，适用于混合搅拌少量原料。

（2）橡皮刮刀。橡皮刮刀（图 1-2-12）适用于混合搅拌各种材料。橡皮刮刀可以将盆底或缸底的材料彻底翻刮干净，使盆底或缸底没有余料残留，减少浪费。使用橡皮刮刀翻拌蛋糕面糊时不易产生面筋，同时可最大限度地抑制蛋白消泡。

图 1-2-11　手持打蛋器

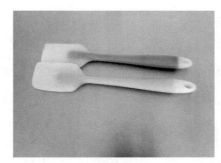

图 1-2-12　橡皮刮刀

三、成形工具

（一）整形工具

1. 擀面杖

擀面杖作为一种常见的手工工具，其特点是使用起来方便、灵活。在西点制作过程中通心面杖和普通面杖最为常用。

（1）通心面杖。通心面杖（图 1-2-13）又称通心槌、走槌。其中心有一相通的孔洞，孔洞中插有一根手柄，手柄有固定和可拆卸两种。油酥类点心开酥时需要使用此种面杖。

（2）普通面杖。普通面杖（图 1-2-14）型号较多，不同型号的面杖适用于擀制不同的面团，面包成型时使用的是小号面杖，饼干擀片时使用的是大号面杖。

图 1-2-13　通心面杖

图 1-2-14　普通面杖

（3）功能型面杖。功能型面杖是在普通面杖的基础上增加了一些特殊功能，丰富产品造型，便于生产加工。

2. 刮板

刮板（图 1-2-15）在西点制作中应用广泛，从和面到产品出炉，几乎每道工序都要使用。根据造型不同，刮板可分为平刮板、齿刮板等。平刮板主要用于和面、分割、糕体表面刮平等操作，齿形刮板是蛋糕等西点表面装饰工具之一。

（二）成形模具

1. 烤盘

烤盘（图 1-2-16）在烘焙领域应用广泛，不仅用于一般烘焙制品的盛装，还是一些特殊西点产品的成形工具。烤盘大多是长方形的，也有方形、圆形等，多用导热性良好的黑色低碳软铁板、白铁皮、铝合金等材料制成，厚度约 0.8 mm，目前市场上也有硅胶、铁氟龙等制成的不粘烤盘。以底部平整的平盘最为常见，也有带模的连体烤盘，还有专门烤制汉堡、法棍及各式蛋糕的烤盘。

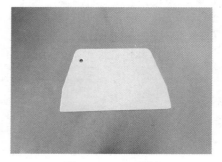

图 1-2-15   刮板

图 1-2-16   烤盘

普通的新烤盘（烤模）使用前需在烤盘内部反复涂抹油脂，然后将涂抹过油脂的烤盘放入烤箱烘烤，在高温和油脂的作用下，烤盘表面形成坚硬而光亮的氧化层。未经过处理的新烤盘烘烤时热量吸收不均，且脱模时易发生粘模现象。

2. 模具

伴随着模具的使用与普及，西点产品得以不断丰富与发展。

（1）烤模。西餐面点行业常用的烤模有金属铝、硅胶、不锈钢、马口铁、纸质等材质（图 1-2-17~ 图 1-2-19）；有圆形、长方形、花边形、鸡心形、正方形等形状；按边沿高度可分为高边烤模和低边烤模。使用时要依据制品的配方、密度、内部组织状况的不同，灵活选择。

（2）饼干模具。象形类饼干的成型模具，具有图案逼真、款式多样、便于操作的特点（图 1-2-20）。

图 1-2-17   戚风蛋糕烤模

图 1-2-18   硅胶蛋糕烤模

图 1-2-19　吐司面包烤模

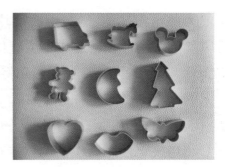

图 1-2-20　饼干模具

3. 裱花工具

裱花工具包括转台（图 1-2-21）、抹刀（图 1-2-22）、裱花嘴（图 1-2-23）、裱花袋（图 1-2-24）、裱花嘴转换头、花托手柄、糯米花托等。裱花嘴、裱花袋常用于鲜奶油蛋糕的装饰、曲奇饼干的挤注及蛋糕糊的装盘。裱花嘴转换头不需要换裱花袋就可以转换花嘴。

图 1-2-21　转台

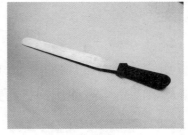

图 1-2-22　抹刀

图 1-2-23　裱花嘴

图 1-2-24　裱花袋

4. 其他成形工具

西点制作过程中也常常使用一些普通的工具，例如：剪刀、木梳、竹签、吹气瓶等。

（三）成形模具使用注意事项

1. 常见的新烤盘（烤模）处理过程

（1）清理表层：使用温热的洗洁精水或碱水清理烤盘（烤模）表面附着的矿物油。

（2）加热处理：将清洗过的烤盘（烤模）放入烤箱加热，铁质烤盘（烤模）烤箱温度范围在 300 ℃左右，加热 40 ~ 60 min，使表面形成微量的氧化铁层。白铁皮材质烤盘（烤模）在 200 ℃的烤箱内烘烤 30 ~ 40 min，表面产生微量的合金层。

（3）涂油加热处理：烘烤后的烤盘（烤模）冷却到 50 ℃左右时，在烤盘（烤模）表面涂抹一层黄油（或植物油），然后再次加热，让油脂逐渐渗透到烤盘（烤模）中，如此反复几次，最后烤盘（烤模）表层形成一层氧化膜。

不粘烤盘（烤模）在使用前，首先将烤盘（烤模）清洗干净，烘干后涂抹黄油或植物油，在 200 ℃的烤箱内烘烤 10 min 左右，取出晾凉后使用软布擦拭干净即可。

2. 烤盘（烤模）使用的注意事项

（1）烤盘（烤模）使用后应使用软抹布或塑料刮板将内部的残留物清理干净。

（2）烤盘（烤模）使用一段时间后，最好使用温水和软抹布将烤盘内外彻底清洗干净（尽量不要使用尖锐的金属物、化学清洗剂）。

（3）尽量避免碰撞、摩擦，造成烤盘（烤模）磨损或刮伤。

（4）切不可将食物长时间留在烤盘（烤模）内，否则会腐蚀氧化烤盘涂层。

（5）烤盘（烤模）应该存放在干燥的地方。

四、成熟工具

1. 锅

西餐面点厨房中常用的锅有煮锅（图 1-2-25）和煎锅（图 1-2-26），泡芙、酱料、馅料等西点制品及半成品均需使用锅进行加热成熟。

图 1-2-25　煮锅

图 1-2-26　煎锅

2. 炸锅

（1）传统油炸锅。传统油炸锅（图 1-2-27）是以油为传热介质，通过油传导加热，使制品成熟的成熟用具。

（2）空气炸锅。空气炸锅（图 1-2-28）是以空气为传热介质，通过空气对流使制品成熟的新能源成熟用具。

图 1-2-27　传统油炸锅

图 1-2-28　空气炸锅

五、切割工具

1. 齿形面包刀

刀身长，刀锋锯齿状，用于切割面包、蛋糕等外硬内软的西点食品（图 1-2-29）。

2. 厨师刀

一种多功能刀，刀身较宽，刀刃部分弧形，能够切割禽畜肉类、鱼、虾和各种蔬菜（图 1-2-30）。

3. 奶酪刀

刀刃呈波浪状，刀身有中孔，刀尖分叉，能挑起奶酪、黄油等西点原料（图 1-2-31）。

4. 轮刀

轮刀由可转动的刀片和手柄两部分构成，根据功能不同，有单轮、双轮、多轮之分；刀刃有平刃和波浪刃之分。轮刀多用于面皮、比萨、派等西点制品的切割（图 1-2-32）。

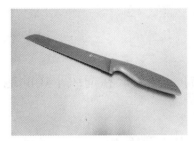

图 1-2-29　齿形面包刀

图 1-2-30　厨师刀

图 1-2-31　奶酪刀

图 1-2-32　轮刀

职业好习惯

齿形面包刀使用后要及时将刀齿中残留的面包渣清理干净。

六、其他常用工具

1. 食品夹

用于夹取面包、蛋糕、饼干等西点制品，面包圈等油炸食品成熟时常使用食品夹上下翻动，使制品受热均匀（图 1-2-33）。

2. 弹力铲

铲子大小、形态多变，是西餐常用辅助工具（图 1-2-34）。

3. 耐高温手套

烤盘、烤模出烤箱时温度很高，人手是不能直接接触的，否则会被严重烫伤，戴上耐高温手套可安全地将烤盘、烤模从烤箱中取出来（图 1-2-35）。

图 1-2-33　食品夹　　　　图 1-2-34　弹力铲　　　　图 1-2-35　耐高温手套

七、工具使用注意事项

1. 洗刷干净，分类存放

西餐面点厨房常用工具使用后必须刷洗、擦拭干净，然后放在通风干燥的地方，以免生锈。各种工具应分门别类地存放，避免意外损坏。

2. 定期消毒

一些不锈钢工具使用后要定期消毒，避免杂菌滋生。

3. 遵守设备使用制度

每一种设备都有其适用的范围，生产过程中应严格遵守设备使用制度，安全生产。

能力培养

实践项目：认识和使用称量工具

一、实践准备

工具设备：电子秤、盛器、量杯。

原料：水、面粉。

二、实践过程

1. 使用电子天平分别称量 3 g 水、5 g 水、10 g 水。

2. 使用电子计量秤分别称量 250 g 面粉、500 g 面粉。

三、实践结果

总结出电子天平与电子计量秤的适用范围和使用时的注意事项。

任务反思

西餐面点厨房常用工具应如何保养?

任务 1.3　西餐面点厨房常用机械设备

任务目标

知识：1. 认识西餐面点厨房常用机械设备。

　　　2. 了解常用机械设备的用途。

　　　3. 懂得常用机械设备的工作原理。

能力：1. 能正确使用常用机械设备。

　　　2. 熟悉常用机械设备的日常保养方法。

知识学习

一、辅助设备

1. 工作台

工作台，又称操作台，是西点生产过程中的主要操作平台。西点上常用的有不锈钢和大理石两种操作台。

（1）不锈钢工作台。整体采用不锈钢材质制成，结实耐用、耐腐蚀、表面光滑、容易清洁，有单层、双层、柜式（图 1-3-1）等多种样式，也有带冷藏室的操作台。

（2）大理石工作台。大理石操作台（图 1-3-2）一般采用不锈钢柜体、大理石台面制成，表面硬度好、平整光滑、导热速度快，适用于巧克力及糖品的制作。

图 1-3-1　柜式不锈钢操作台

图 1-3-2　大理石操作台

2. 洗涤槽

洗涤槽（图 1-3-3）主要用于对原料、器具的清洗，有单槽、双槽、多槽等样式。

3. 储物柜

储物柜（图 1-3-4）用于存储和收纳操作工具、在常温下存放食品原材料等。在使用过程中，一般要专柜专用，避免原料与用具混用。

4. 烤盘架

烤盘架（图 1-3-5）也称烤盘车，用于烘焙制品的冷却和烤盘的摆放。

图 1-3-3 洗涤槽

图 1-3-4 储物柜

图 1-3-5 烤盘架

二、搅拌和研磨设备

1. 和面机

和面机是西点生产中常用机械设备，主要用于调制各种面团，有双向立式和面机（图 1-3-6）、卧式和面机（图 1-3-7）两种。双向立式和面机有快慢两挡，恒速转动的搅拌缸有顺、倒两个转向，一般适用于调制高韧性的面团（如面包面团）；卧式和面机一般转速恒定，对面团拉伸作用较小，不易形成高韧性面筋，适用于中、低韧性面团（如酥性面团）的调制。

图 1-3-6 双向立式和面机

图 1-3-7 卧式和面机

2. 多功能搅拌机

多功能搅拌机（图1-3-8）又称多功能打蛋机，有两速或三速挡位转换，是蛋糕、馅料、软面团等常用的搅拌工具。多功能搅拌机配有球形、扇形、钩形三种形状的搅拌桨（图1-3-9）。球形搅拌桨作用力较小，当搅拌机高速旋转时，球形网状结构很容易将空气带入被搅拌的液体中，所以此种搅拌桨适用于阻力较小的低黏度物料的搅拌，如蛋液、蛋糊等；扇形搅拌桨作用面积大，有一定的剪切作用，适用于中等黏度物料的调制，如馅料、饼干面团、糖浆等的搅拌；钩形搅拌桨强度高、力度大，适用于调制高黏度物料，如面包面团等筋性面团的搅拌。

3. 多功能厨师机

厨师机种类较多，功能不一。大多数厨师机都将搅拌、榨汁、研磨、绞肉等功能集为一体，是方便实用的厨房用具（图1-3-10）。

图1-3-8　多功能搅拌机　　图1-3-9　搅拌桨（球形、扇形、钩形）　　图1-3-10　多功能厨师机

三、成形设备

1. 分割搓圆机

分割搓圆机是（图1-3-11）指将面团快速等量分割，自动成圆的机器，主要用于甜面包、吐司的生产。

2. 起酥机

起酥机（图1-3-12）主要用于各式面包、西饼、饼干等的整形以及各类酥皮的制作。起酥机有碾压和拉伸面团的作用，可使面团组织均匀、紧致，提高产品质量。此机器操作简单，方便快捷。

图1-3-11　分割搓圆机　　　　　　　　图1-3-12　起酥机

四、醒发及成熟设备

1. 醒发箱

醒发箱（图 1-3-13），也称发酵箱，具有温度和湿度可调节的特点，多用于面包的基本发酵和最后醒发。醒发箱具体可分为普通电热醒发箱、全自动控温控湿醒发箱、冷藏冷冻醒发箱等几种。

普通电热醒发箱进水口与自来水管直接相连，根据实际需要自动加水，进入醒发箱的水以喷雾的形式喷洒在电加热片上，水受热后汽化，使醒发箱内达到足够的湿度。使用时可以通过玻璃门观察箱内的温湿度及制品的胀发程度。

全自动控温控湿醒发箱采用电脑触摸式控制面板，配有液晶数字显示器。精准地调控醒发箱的温湿度，热风循环系统使醒发箱内部温湿度均匀一致。使用全自动控温控湿醒发箱能使产品达到最佳的醒发效果。

冷冻醒发箱除了具有全自动醒发箱的功能外，还具有定时制冷的功能。生产时可根据实际需要预设醒发温度、时间，这样下班前将面包坯放进去，第二天上班来烘烤即可。

2. 烤箱

烤箱（图 1-3-14），是烘烤类食品的成熟设备。烤箱依据使用的热源不同，可分为远红外线电烤箱、燃气烤箱等；按箱内传热形式不同，可分为固定式烤箱、旋转式烤箱、风车式烤箱等。烤箱有单层或多层等样式，每层均可通过控制装置调节上、下火温度。

图 1-3-13 醒发箱

图 1-3-14 烤箱

目前国际上流行的万能蒸烤箱，集烤、煎烤、架烤、蒸、焗、炸、水煮等功能于一体，采用全自动电脑触摸式控制面板，方便操作。

五、制冷设备

冷藏（冻）箱、冷藏（冻）柜等是西点行业常用的冷藏冷冻设备，主要用于西点原料、半成品、成品的冷餐保鲜或冷冻加工。冷藏室的温度范围一般在 0 ~ 10 ℃，冷冻室温度一般在 -18 ℃以下，使用时应根据外界的环境条件及制品的性质、特点、存放时间等因素加以调节。

1. 立式冷藏（冻）柜

立式冷藏（冻）柜（图 1-3-15）内设隔层，可分区设定温度，同时具备冷藏冷冻功能。

2. 卧式冰柜

卧式冰柜（图 1-3-16）具有较大的储藏空间，冷冻效果好。

3. 操作台式冷藏柜

操作台为不锈钢面板，台面下为冷藏柜，生产过程中根据需要可对原材料及半成品随时取用、随时冷藏，方便、快捷、省时、省力（图 1-3-17）。

图 1-3-15　立式冷藏（冻）柜　　　图 1-3-16　卧式冰柜　　　图 1-3-17　操作台式冷藏柜

六、设备的使用及保养

1. 编号登记，专人保管

西点厨房设备较多，为了便于管理与使用，建议将设备编号登记，安排专人负责管理。

2. 清洗干净，及时断电

各种搅拌机使用后应将搅拌桨取下清洗干净。操作台及其他设备使用后需要刷洗擦拭干净。烤箱等设备使用后需要及时切断电源，避免浪费现象，杜绝火灾等危险情况发生。

3. 正确使用设备

设备在使用中均存在一定的风险，如压面机、搅拌机等，作为行业的新手，需经专人指导培训后方可使用。

4. 定期检查，定期维护

对于各种设备要定期检查，发现问题及时维修，确保安全生产。

能力培养

实践项目：认识西餐面点常用机械设备

一、实践过程

1. 参观酒店西饼房。

2. 认识西饼房中的机械设备。

3. 请相关负责人讲解设备的使用方法及注意事项。

4. 做好记录。

二、实践结果

把你的参观感受写在下面。

任务反思

烤箱为什么要分上下火？在西点制品烘烤中，上下火的作用分别是什么？

项 目 小 结

项目 1 小结见表 1–1。

表 1–1　项目小结表

任务		知识学习	能力培养
1.1	西餐面点厨房岗位描述	西餐面点厨房工作人员基本要求 西餐面点厨房组织结构 西餐面点厨房的基本工作流程 西餐面点厨房的卫生要求	清扫工作间
1.2	西餐面点厨房常用工具	称量及分离工具 搅拌工具 成形工具 成熟工具 切割工具 其他常用工具 工具使用注意事项	认识和使用称量工具
1.3	西餐面点厨房常用机械设备	辅助设备 搅拌和研磨设备 成形设备 醒发及成熟设备 制冷设备 设备的使用及保养	认识西餐面点常用机械设备，了解使用方法及注意事项

项 目 测 试

一、名词解释

1. 电子天平：_____

2. 工作台：_____

3. 多功能搅拌机：_____

4. 醒发箱：_____

5. 功能型面杖：_____

二、判断题

（　　）1. 走进西点操作室的工作人员，穿戴要整齐，包括穿工作服，戴工作帽、口罩、汗巾、围裙、工牌等，对工作鞋没有要求。

（　　）2. 对于男性西点操作人员的仪容要求是不留长发（头发前不遮眼、旁不掩耳、后不过际），可有胡须，面部干净，指甲短净。

（　　）3. 西点操作间要求整洁、明亮，空气畅通，无异味。

（　　）4. 冰箱、冰柜内外要保持清洁、无异味，内部物品条理清晰、摆放有序。

（　　）5. 西点操作人员要讲究个人卫生，勤洗手；着装上岗，工服清洁。

（　　）6. 操作用具、器械要保持整洁，不用消毒。

（　　）7. 生熟食品可不必分开，半成品与成品必须分开。

（　　）8. 台面、地面、机械设备的清洁工作与面点操作人员无关。

（　　）9. 定期进行彻底卫生清扫，排除卫生死角，保证卫生要求。

（　　）10. 烤箱使用后不必马上切断电源，可等下班后再断电。

三、选择题

1. 属于西餐面点厨房结构的有（　　　）。

A. 原料储存间　　　B. 半成品加工间　　　C. 制品成熟间　　　D. 冷藏间

2. 西餐厨房面点部人员组成结构中，部长下一级是（　　　）。

A. 面包房主管　　　B. 饼房主管　　　　C. 甜点房领班　　　D. 比萨房主管

3. 西餐面点厨房常用的称量工具有（　　　）。

A. 电子天平　　　　B. 电子计量秤　　　C. 量杯　　　　　　D. 量匙

4. 西餐面点厨房常用的分离工具有（　　　）。

A. 面粉筛　　　　　B. 分蛋器　　　　　C. 温度计　　　　　D. 电子计时器

5. 刀刃呈波浪形，刀身中孔，刀尖分叉，能挑起奶酪、黄油的是（　　　）。

A. 齿形面包刀　　　B. 轮刀　　　　　　C. 厨师刀　　　　　D. 奶酪刀

6. 西餐面点常用的工作台材质有（　　　）。

A. 木质　　　　　　B. 大理石　　　　　C. 不锈钢　　　　　D. 铝制

7. 适用于阻力较小的低黏度物料的搅拌，如蛋液、蛋糊等的搅拌桨是（　　　）。

A. 球形搅拌桨　　　B. 钩型搅拌桨　　　C. 扇形搅拌桨　　　D. 月牙形搅拌桨

8. 洗涤槽可用于清洗原料、器具，主要的样式包括（　　　）。

A. 单槽　　　　　　B. 双槽　　　　　　C. 多槽　　　　　　D. 平槽

9. 量匙常见型号有（　　）。

A. 1/4 小匙　　　　　B. 1/3 小匙　　　　　C. 1 小匙　　　　　D. 1/2 大匙

10. 西点制作中，可用于面糊的刮平，又可分割小型面团的常见工具是（　　）。

A. 橡皮刮刀　　　　B. 面杖　　　　C. 刮板　　　　D. 弹力铲

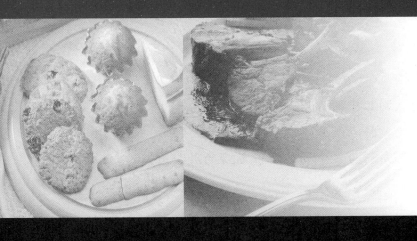

项目 2

西餐面点主料

项目导入

　　小张同学在一家大酒店西饼房实习，周一的早上因工作繁忙，师傅让小张帮他准备一份海绵蛋糕的原料。接到任务后，小张心情很是激动，到酒店快一周了，都是看着师傅们操作，现在总算可以亲自动手了。她丝毫不敢马虎，严格按照配方核准原料，正确称取，准确标记……看着高高膨起的海绵蛋糕，师傅很是高兴，他告诉小张，西点原料品种繁多，每种原料都有其独特的性质。选料是点心制作的第一步，也是关键的一步，如果原料选择不当，后面的工序等于白费，正所谓一着不慎，满盘皆输。小张暗暗下定决心，要和原料成为好朋友，了解它们、熟悉它们，将它们的特点一一记在心里。

　　如果把蛋糕、面包比喻成"高楼大厦"，那么鸡蛋、面粉则是大厦得以挺立的"钢筋"和"混凝土"。只有全面掌握"钢筋"和"混凝土"的特性，通过科学合理的"组建施工"，发挥其最佳性能，才能建造出高品质的"高楼大厦"。

任务 2.1 面 粉

任务目标

知识：1. 了解小麦的结构、种类及性质。

2. 理解面粉类原料在西餐面点制品中的作用。

3. 掌握小麦面粉的成分、性能、特点及分类。

能力：1. 能正确识别各种面粉，熟记高筋粉、中筋粉、低筋粉的成分表。

2. 熟记小麦面粉的常用术语。

知识学习

我国的面粉主要由小麦籽粒研磨而来，所以又称小麦粉。烘焙制品家族中很多成员都是以小麦面粉作为主要原料加工生产的，可以说面粉的性质决定了西点产品的加工工艺，而面粉的性质取决于它的"妈妈"——小麦。了解小麦的结构、种类、性质，掌握小麦面粉的成分、性能、特点及分类是学好西点的必备条件。

一、小麦

（一）小麦的结构

小麦由麦麸层、胚芽、内胚乳三部分构成。麦麸包裹在外层，占粒重的 18% ~ 25%，全麦粉中微小的褐色薄片即麦麸；胚芽是小麦发芽的部分，含有很高的油脂，极易酸败，占粒重的 1% ~ 2%；胚乳占粒重的 80%，胚乳与麦麸之间还有糊粉层。麦粒经过制粉工艺使麦麸、胚芽和胚乳分离并将胚乳磨细制成面粉。小麦加工成面粉是物理分离过程，并不改变小麦胚乳原有的化学特性。

（二）小麦的种类与性质

由于播种时期不同，小麦有春小麦、冬小麦之分。春小麦是指春季播种，当年夏或秋两季收割的小麦；冬小麦是指秋、冬两季播种，第二年夏季收割的小麦。按表皮的颜色可将小麦分为白麦、黄麦、红麦。白麦为软麦，粉色较白，出粉率高，蛋白质含量低，面粉筋力较小；红麦多为硬麦，粉色乳黄，出粉率低，蛋白质含量高，面粉筋力较强；黄麦介于两者之间。

二、小麦面粉

（一）小麦面粉的化学成分

小麦面粉富含蛋白质、碳水化合物、维生素和钙、铁、磷、钾、镁等矿物质，面粉的化学成分随小麦的品种、栽培条件、制粉时研磨的方法等各有区别。

1. 碳水化合物

碳水化合物是小麦面粉中含量最高的成分，约占面粉总重的 70% 以上，主要存在于淀粉中。淀粉是小麦面粉的主要成分，是葡萄糖的自然聚合体，根据葡萄糖分子间聚合方式的不同，可将淀粉分为直链淀粉和支链淀粉。

淀粉在常温下不溶于水，当水温超过 53 ℃时，淀粉颗粒吸水溶胀、分裂，形成均匀的糊状溶液，这种现象称为淀粉糊化。糊化了的淀粉在室温或低于室温的条件下慢慢地冷却，随着水分的流失，逐渐变得不透明，甚至凝结沉淀，这种现象称为淀粉老化，俗称"淀粉返生"。淀粉颗粒的结构变化使得西点产品表面纹理与气味都发生改变并逐渐老化，产品老化现象几乎是从出炉的那一刻起就开始了，防止产品老化通常有三种方法，即隔绝空气，在配方中添加保湿剂，冷冻（冷藏不能防止老化）。

2. 蛋白质

我国小麦面粉的蛋白质含量一般在 6% ~ 14%，面粉中的蛋白质主要有麦胶蛋白、麦谷蛋白、麦球蛋白、麦清蛋白等。其中，占主要成分的麦胶蛋白和麦谷蛋白可与水结合形成面筋，所以又称面筋蛋白质。

3. 灰分

对于专业面包师而言，还应该了解面粉当中灰分的含量，即矿物质的含量。面粉的等级同麦粒外皮和胚芽中的矿物质（灰分）的含量有直接关系，矿物质的含量越高，面筋的含量越低；相反，其含量越少，面粉的等级也就越高。就一般面粉而言，其矿物质含量的多少对于其制作面包的性质不会有太大的影响。

4. 酶类

小麦面粉中有淀粉酶、蛋白酶、脂肪酶和氧化酶等，其中淀粉酶和蛋白酶最重要。淀粉酶主要是帮助淀粉水解糊化，蛋白酶主要是帮助蛋白质降解。

（二）小麦面粉的类型

随着小麦研磨技术的提高，通过复杂的高精度研磨系统，同一种小麦可以抽取不同等级的面粉。从影响面粉食用品质的因素来看，蛋白质的含量和品质是决定其食用品质、加工品质和市场价值的重要因素。

面粉中蛋白质的含量取决于研磨的小麦质量及研磨工艺。一般高蛋白质的小麦加工的面粉蛋白质含量较高，低蛋白质的小麦加工的面粉蛋白质含量相对要低。研磨过程中按实际需要抽取小麦内胚乳的程度称为抽粉率，抽粉率不同，制成的面粉等级不同。例如，抽粉率 80% 的面粉是指抽取了小麦内胚乳的 80% 而制成的面粉。越是靠近麦粒中央部分磨出的面粉，抽粉率越低，等级越高，越靠近麦粒外皮部分磨出的面粉，等级越低。

根据蛋白质含量的多少，我们将小麦面粉分为高筋面粉、中筋面粉和低筋面粉（表 2-1-1）。

表 2-1-1　小麦面粉的种类、化学成分及主要用途

种类	化学成分			主要用途
	蛋白质 /%	灰分 /%	水分 /%	
高筋面粉	11.5 ~ 13.5	0.75	13.5	面包、酥皮
中筋面粉	8.5 ~ 11.5	0.55	13.8	水果蛋糕
低筋面粉	6.5 ~ 8.5	0.45	14.0	蛋糕、饼干

1. 高筋面粉

由胚乳中较内层部分加工而成，蛋白质含量为 11.5% ~ 13.5%，色泽较深，质地细腻光滑，手握不易结块，适宜制作面包、比萨、泡芙等。目前较好的高筋面粉是加拿大生产的春小麦面粉。

2. 中筋面粉

蛋白质含量在 8.5% ~ 11.5%，颜色乳白，介于高、低筋粉之间，体质半松散。一般中式点心都会用到，比如包子、馒头、面条等，西式点心主要用于制作重型的水果蛋糕等。

3. 低筋面粉

蛋白质含量在 6.5% ~ 8.5%，颜色较白，手抓易成团。蛋白质含量低，麸质也较少，因此筋性较弱，比较适合做蛋糕、松糕、饼干等需要蓬松或酥脆口感的西点。

（三）常用面粉产品

根据烘焙的需要，目前市场上有很多颇具针对性的面粉产品。

1. 面包专用粉

面包专用粉不等于高筋粉，所谓面包专用粉是指添加了麦芽、维生素以及谷蛋白等，增加了蛋白质的含量，提高了面包制作性能的面粉。因此出现了蛋白质含量高达 14% ~ 15%，吸水率在 60% ~ 65% 的面包粉，使用这样的面粉生产出的面包体积更大、组织更好。

2. 蛋糕专用粉

低筋粉不等于蛋糕专用粉，因为在国外，特别是在部分面粉分类较细的地区，低筋面粉又细分为蛋糕专用粉和派粉。蛋糕专用粉指经过氯气处理，使蛋白质含量低于 9%，吸水率在 48% ~ 52% 的低筋面粉。派粉的筋力比蛋糕粉稍高一点点，但同样都是属于低筋面粉。

3. 通用面粉

通用面粉属于中筋面粉，蛋白质含量在 9% ~ 11%，吸水率在 55% ~ 60%，这种面粉在中式糕点中应用较多。

4. 预拌粉

预拌粉是将烘焙产品配方中的材料（液体材料除外），按照配方的用量混合到面粉中，生产时直接使用即可。很多西点产品的预拌粉在市场上均有销售。

5. 全麦面粉

全麦面粉是由整粒小麦碾磨而成，颜色较重，含有丰富的 B 族维生素，营养价值很高，

常用来制作全麦面包、馒头、饼干等。由于胚芽的油脂含量较高，较易酸败，所以全麦面粉不如白面粉易保存。因为麸皮的含量高，由 100% 全麦面粉做出来的面包组织较粗糙，粗糙的麦麸会切断面筋，造成面包体积过小，口感发硬。所以，在制作全麦面包时需加入高筋面粉，以改善面包的口感。

6. 自发面粉

自发面粉是在小麦面粉中添加了一定量的发酵粉，使用时只需加入水或其他液体材料即可生产出发酵产品。发酵粉具有方便快捷、无须技术等优点。由于不同产品对发酵粉的用量要求不同，所以一种自发粉很难满足所有产品需要，这也是自发粉不能推广使用的原因。另外，经过长时间的储存，发酵粉在空气中发生变化，发酵能力有所降低，难以保证产品质量。

> **烘焙小贴士**
>
> 　　如果你想做蛋糕，身边又没有低筋粉该怎么办呢？告诉你个小秘密哦，将中筋面粉和玉米淀粉按 4∶1 的比例调和即可得到低筋面粉。另外，也可以将中筋面粉上锅蒸来获得低筋面粉。

（四）小麦面粉提取物

1. 小麦蛋白粉

小麦蛋白粉又称活性面筋粉、谷朊粉，是从小麦面粉中提取出来的天然蛋白质，由多种氨基酸组成，蛋白质含量高达 75%~85%，含有人体所需的 15 种氨基酸，是营养丰富的植物蛋白资源。小麦蛋白粉可作为面包的筋性改良剂，主要作用是增大面包体积和改善烘焙性质，延长面包的货架寿命。可以按面粉用量的 5% 添加使用。

2. 小麦胚芽粉

胚芽是小麦生命的根源，是小麦中营养价值最高的部分，富含蛋白质、维生素、矿物质以及 8 种人体必需的氨基酸，是"天然维生素 E 的仓库"，是"人类的天然营养宝库"。《本草纲目》记载，麦胚可治心悸失眠，养心安神，养肝气，止泻，降压，健胃。

小麦胚芽粉是咖啡色屑状粉末物质，可以像燕麦片一样应用于蛋糕、欧式面包或松糕中，增加制品的营养及香气；作为西点外层的装饰物，可以起到画龙点睛的效果；作为辅料添加到面包中，胚芽粉的使用量不宜过多，否则会影响发酵效果。

三、黑麦面粉

黑麦面粉源自神奇的长寿食物——黑小麦。黑小麦栽培面积最大的国家是俄罗斯，产量约占世界黑麦总量的 45%，其次是德国、波兰、法国，中国较少，主要分布在黑龙江、内蒙古、青海及西藏等高寒、高海拔地区。黑麦面包种类很多，包括只含黑麦的面包，黑麦、小麦均有的面包和硬黑麦面包。黑麦面包最初起源于德国，在北欧和东欧很常见。和白面包相比，黑麦面包颜色更深，含有的膳食纤维和铁更多。

黑麦的蛋白质、脂肪、淀粉、干物质、18 种氨基酸总量均高于普通小麦，而且对人体有利的矿物质元素含量也很高，长期食用能提高免疫力，对便秘、高血压、高血脂、冠心病、糖尿病等具有一定的食疗作用。

> **烘焙小贴士**
>
> 制作黑麦面包时，黑麦粉要提前一天浸泡，让其吸收足够的水分，以便面筋生成，制作出的面包口感更好！
>
> 制作较松软的黑麦面包时，必须将黑麦粉与高筋面粉混合使用。通常 25%～40% 的黑麦面粉与 60%～75% 的高筋面粉混合使用即可。

四、面粉的工艺性能

（一）面筋及其工艺性能

1. 面筋

将面粉加水搅拌、揉搓后形成的面团放入水中搓洗，使可溶性的物质（如淀粉、蛋白质、灰分等）都溶解到水中，剩下的具有黏性、弹性和延伸性的柔软物质就是面筋。面筋的主要成分是麦胶蛋白和麦谷蛋白。

2. 面筋的工艺性能

通常评价面筋的质量和工艺性能的指标有延伸性、弹性、韧性和可塑性。

延伸性：面筋被拉长到某种程度而不断裂的性质。

弹性：面筋被压缩或拉伸后恢复原来状态的能力。

韧性：面筋对拉伸所表现的抵抗力。

可塑性：面筋被压缩或拉伸后保持形状的能力，一般弹性、韧性好的面筋可塑性就差。

不同的烘焙产品对面筋的工艺性能要求不同，面包产品要求使用弹性和延伸性都好的面粉；蛋糕、饼干等产品则要求可塑性好的面粉。

（二）面粉吸水率

1. 面粉吸水率

面粉吸水率是指将单位质量的面粉调制成理想面团时所需的最大加水量。

2. 影响面粉吸水率的因素

（1）蛋白质的含量：面粉的吸水率随蛋白质含量的提高而增加。

（2）小麦类型：硬质小麦吸水率高，软质小麦吸水率低。

（3）面粉湿度：面粉湿度高则吸水率低，反之则高。

（三）面粉的糖化力和产气力

1. 面粉的糖化力

面粉的糖化力和产气力是影响面团发酵性能的重要指标，面粉的糖化力是指面粉中的淀粉在发酵过程中转化成糖的能力，其表示方法是用 10 g 面粉加 5 mL 水调成面团，在 27 ℃ 的条件下经 1 h 发酵所产生的麦芽糖的毫克数。面粉中淀粉酶的活性越强，糖化力越强；面粉的颗粒越小，越容易被酶水解，糖化力越强。

2. 面粉的产气力

面粉的产气力代表面粉在发酵过程中产生气体的能力，其表示方法是用 100 g 面粉加 65 mL 水和 2 g 鲜酵母调成面团，在 30 ℃ 条件下发酵 5 h 所产生的二氧化碳气体量。在一般情况下，面粉的糖化力强，则产气能力也强。生产面包所用面粉的产气能力不得低于 1 200 mL。

（四）面粉的熟化

面粉的熟化也称后熟、陈化。刚刚生产的面粉，特别是用新小麦磨制的面粉调制成的面团黏性大、缺乏弹性和韧性、筋力弱，生产出来的发酵类制品色暗、体积小、易塌陷、组织不均匀。经过一段时间的贮存后，面粉的性能得到了很大的提升，调制的面团不粘手、筋力强，生产的发酵类制品色泽洁白、有光泽、体积大、弹性好，内部组织细腻均匀，这种现象称为面粉的"熟化"。

面粉的熟化时间以 3～4 周为宜。新磨制的面粉在 4～5 天后进入呼吸阶段，开始"出汗"，面粉在这一时期发生一系列的生化和氧化反应，通常一个月左右的时间反应完成，面粉达到熟化。呼吸阶段的面粉，不适宜加工生产。温度对面粉的"熟化"有很大影响，一般以 25 ℃ 为宜。高温会加速熟化，低温则抑制熟化。当环境温度在 0 ℃ 以下时，熟化反应基本停止。

五、面粉在蛋糕和面包中的作用

1. 面粉在蛋糕中的作用

面粉是蛋糕的骨架，在蛋糕制作中主要有两大作用。

（1）作为主体原料形成面糊。

（2）蛋糕胀发时，面粉中的面筋起到了支撑作用，使糕体结构得以形成。

2. 面粉在面包中的作用

面粉是面包制作的主要原料，在面包制作中有两大作用。

（1）面粉中的面筋形成网络结构，淀粉附着在面筋网络中，形成面包的组织结构。

（2）为酵母发酵提供能量。

六、面粉的贮藏

面粉应保存在避光通风、阴凉干燥处，潮湿和高温都会使面粉变质。面粉在适当的贮藏条件下可保存一年，保存不当会出现变质、生虫等现象。

能力培养

实践项目：分辨西点所用面粉

目前西餐面点市场烘焙产品种类繁多，请同学们用一周时间做市场调查，通过观察及品尝不同的西点产品，找出其所用面粉的种类及特点。

一、实践准备

3 ~ 5 人一个小组，每人一台计算机、一部相机、记录表若干。

二、实践过程

1. 观察并品尝吐司面包、全麦面包、黑面包、戚风蛋糕、曲奇饼干，记录下这五款西式点心的组织结构特点、味觉感受。

2. 上网查找吐司面包、全麦面包、黑面包、戚风蛋糕、曲奇饼干所使用的面粉种类。

3. 到实验室找出并观察吐司面包、全麦面包、黑面包、戚风蛋糕、曲奇饼干所使用的面粉，从颜色、面粉颗粒的粗细、手握之后成团的松散度几个方面进行比较分析，做好记录。

三、实践结果

通过以上三个步骤，各小组完成表 2-1-2 的填写。

表 2-1-2　任务实施记录表

比较内容	吐司面包	全麦面包	黑面包	戚风蛋糕	曲奇饼干
组织结构					
味觉感受					
面粉种类					
面粉颜色					
面粉颗粒					
松散度					

四、实践评价

每组派一名代表汇报实践成果，进行教师评价、生生互评，将评价结果填写到表 2-1-3 中。

表 2-1-3　评　价　表

评价方式	评价内容				
	基本知识（20%）	任务完成情况（50%）	团队合作能力（15%）	工作态度（15%）	分数
学生自评（20%）					
小组互评（30%）					
教师评价（50%）					
总分					

任务反思

小麦面粉的类型有哪些？它们的成分有什么区别？

任务 2.2　油　　脂

任务目标

知识：1. 了解油脂的概念、类型。

2. 理解油脂在产品中的作用原理。

3. 掌握油脂的性质，了解油脂在西点中的作用。

能力：1. 能正确识别各种油脂。

2. 懂得黄油等特殊油脂的熔化方法。

知识学习

油脂是油和脂的总称。常温下液态的称为油，固态的称为脂。但很多油脂随着温度变化，性状亦发生改变。因此，油或脂没有严格的界定标准而统称为油脂。

油脂能够使烘焙食品柔软松嫩、酥松香脆，还可以提高烘焙食品的营养价值，延长其货架寿命。

烘焙食品使用的油脂种类很多，这些油脂性质不同，用途也不同。

一、西点中常用油脂

西式点心中常用油脂见表 2-2-1。

表 2-2-1 西点中常用油脂表

名称	固态脂				液态油
中文名称	起酥油	黄油	人造黄油	猪油	植物油脂
英文名称	shortening	butter	margarine	lard	oil

（一）起酥油

起酥油（图 2-2-1）是植物油、动物脂肪、氢化植物油或这些油脂的混合物经混合、冷却、塑化等工序加工出来的，具有可塑性、乳化性等性能的固态或流动性的油脂产品。起酥油不能直接食用，是食品加工的原料油脂，用途广泛，品种繁多，行业上将其分为一般起酥油和乳化起酥油两大类。

一般起酥油质地密实细腻、脂肪含量高、乳化性强，易于充气，进而使面团或面糊体积膨胀，赋予制品酥松质感，是派皮、挞皮、酥饼等酥脆性西点常用油脂。

乳化起酥油质地柔软、扩散能力强，较易分散于面糊中，并迅速地包裹在面粉和糖的表面，使西点产品组织更加细腻、滑润。乳化起酥油常见的有面包用液体起酥油、蛋糕用液体起酥油。面包用液体起酥油是面包面团的改良剂和组织柔软剂，可延缓面包老化。蛋糕用液体起酥油能够提高面糊的稳定性，使蛋糕组织细腻、均匀。

图 2-2-1 起酥油

图 2-2-2 黄油

（二）黄油

黄油（图 2-2-2）又称奶油，由牛奶提炼而成，色泽微黄，带有淡淡的奶香味道。新鲜的黄油含有大约 80% 的脂肪、15% 的水和 5% 的牛奶固体。

常用黄油有加盐和不加盐两种。无盐黄油更易变腐，但味道更鲜美甘甜，因此采用无盐黄油烘焙效果更好。含盐黄油易于存放、便于生产，如果使用含盐黄油，配方中盐的分量需相应减少。

大部分起酥油都含有特定的成分，具有一定的硬度，适用于特定的西点制品。而黄油是一种天然产品，室温状态下的黄油非常柔软，较易熔化（黄油一般在 28～34 ℃熔化，在 15～25 ℃凝固），所以黄油要求密封冷藏保存。当温度降低后，黄油变得又硬又脆，因此用黄油调制的面团较难控制，并且黄油价格昂贵，成本较高。

黄油和起酥油比，有以下两大优点：

味道方面：起酥油味道平淡，而黄油有一种较强的使人垂涎欲滴的奶香味道。

熔化性质方面：黄油入口即化，起酥油则不然。用起酥油制成的点心会在口中留下不舒服的感觉。

由于以上原因，许多面包师认为黄油的优点远远超过其缺点，在好的欧洲糕点中并不常使用起酥油。制作糕点时可以按照 1 : 1 的比例混合使用黄油和起酥油，以便兼得黄油的美味与起酥油的易加工特性。

有一些点心利用的是黄油的香味和湿润度，制作过程中黄油不需要打发。生产这类点心时，要提前将黄油熔化成液态，以便于与面粉等原料混合，形成均匀的面团。如果黄油直接加热水分会流失，如果使用明火，火力过大容易将黄油烧焦，所以熔化黄油最好采用隔水加热的方法。

> **烘焙小贴士**
>
> 黄油隔水加热熔化法：取一小锅，在锅内注入适量的清水，开火将水烧热，然后将切成小块的黄油放入不锈钢碗内，再将碗放入水中，保持水温在 50 ℃左右，直至将黄油熔化成植物油的状态。

（三）人造黄油

人造黄油（图 2-2-3），又称麦淇淋，以氢化植物油为主要原料，加上适量的牛乳或乳制品、乳化剂、调味料、色素、防腐剂、抗氧化剂等调制而成。人造黄油含有 80% ~ 85% 的脂肪、10% ~ 15% 的水、大约 5% 的盐与牛奶固体及其他化合物。因此可认为它是由起酥油、水和调味品混合而成的仿黄油制品。人造黄油以良好的乳化性能和相对低廉的价格，成为烘焙制品中广泛应用的油脂之一。

制作面包和蛋糕类制品时，要选用质地柔软、乳化性能强的人造黄油；质地较硬、可塑性强的人造黄油常用于制作具有酥脆质感的面点制品，如饼干、丹麦酥等。

值得注意的是，因人造黄油具有较强的与空气混合能力，所以使用人造黄油生产的西点产品膨松效果极佳，然而，由于其熔化温度高，不能如黄油般入口即化，其产品达不到最佳口感。

（四）猪油

猪油是由猪的脂肪提炼而成的，色泽洁白、可塑性强、起酥性好，制出的糕点品质细腻，口味肥美。

精制猪油适合制作中式糕点，成品层次清晰、色泽洁白、酥香可口。它熔化温度高，便于操作。精制猪油在西式糕点中应用较少，主要用于制作酥脆的派皮和甜馅。

（五）油

油是指液态的植物性油脂，又称植物油（图 2-2-4）。因其中含有较多的不饱和脂肪酸，所以营养价值高于动物油脂，但其加工性能不如动物油脂或其他固态油脂。植物油可作为馅料和少数蛋糕、面包用油，还可作为模具涂抹用油，也可作为面包圈等油炸西点的介质油。

图 2-2-3 人造黄油

图 2-2-4 植物油

1. 大豆油

大豆油主要出自我国东北地区，其中亚油酸含量高，不含胆固醇，色微黄，是一种营养型食用油，消化率高达 95%。大豆油起西米性较固态油脂差，用于糕点和饼干中效果不理想。

2. 芝麻油

芝麻油又称香油，气味香醇、品质极佳，尤以小磨香油最为突出。芝麻油中含有的芝麻酚带有特殊的香气，同时具有很强的抗氧化作用，因此芝麻油不易酸败。与其他植物油相比，芝麻油价格昂贵，多用于高档点心的馅料中，部分饼干和糕点的皮料中也有应用。

3. 葵花籽油

葵花籽油是当今世界上消费量仅次于大豆油的食用油脂。葵花籽油具有诱人的清香味，而且含有丰富的维生素 E 及胡萝卜素，有降低胆固醇的功效。

4. 椰子油

椰子果实提取物，常温下呈固态，熔化温度 24 ~ 27 ℃，经氢化后提高到 45 ℃左右。椰子油中含有 48% 的月桂酸、17.5% 的豆蔻酸、9% 的油酸，凝固点为 21 ~ 23 ℃。与众不同的是，椰子油受热后不是逐步软化，而是在几摄氏度的升温后，由脆性固体骤然转变为液体。

5. 其他油脂

除了上述四种油脂外，菜籽油、花生油、玉米油、小麦胚芽油、米糠油等在西点制品中也有应用。

二、油脂的工艺性能

（一）油脂的起酥性

制作酥类点心时，油脂覆盖面粉颗粒的周围形成油膜，这层油膜阻碍了面粉与水的接触，面粉的吸水率降低，进而限制面筋的形成。此外，油脂能层层分布在面团中，起润滑作用，使面包、蛋糕、饼干产生层次，口感酥松，入口即化。

（二）油脂的可塑性

固态油脂在面包、饼干等面团中能呈片、条及薄膜状分布，而在相同的条件下，液体油脂则成点或球状分布，这些油脂包围面粉颗粒形成油膜，油膜的隔离作用使已经形成的面筋不能互相黏合形成更大的面筋网络，降低了面团的弹性和韧性，增加了可塑性。固态的油脂比液态的油脂润滑面团的表面积要大很多，用可塑性好的油脂加工面团时，面团的延展性好，成品的质地和口感理想。

（三）油脂的熔化温度

固体脂肪加热后会熔化变为液态油。熔化温度是衡量油脂起酥性、可塑性等加工特性的重要指标。油脂的熔化温度既影响其加工性能又影响其口味感觉及在人体内的消化吸收。西点制品中使用的固态油脂熔化温度最好在 30～40 ℃。

（四）油脂的充气性

黄油等固体油脂在高速搅拌过程中能吸入空气，体积膨大、质感酥松，这种性质称为油脂的充气性。油脂的充气性对食品质量的影响主要表现在酥类糕点及饼干中。在调制这类面团时，首先要搅打油糖混合物。油脂结合空气的量与搅打程度和糖的颗粒大小有关，糖越细、搅拌越充分，油脂结合空气的量越多，产品质量越好。

油脂的充气性与其成分有直接关系，起酥油的充气性比人造黄油好，猪油的充气性最差。

（五）油脂的乳化性

油脂属于非极性化合物，水属于极性化合物，这两类化合物互不相融。如果在油脂中添加一定量的乳化剂，能够帮助油水互相融合，使制品组织酥松，体积膨大。因此，添加了乳化剂的起酥油、人造黄油非常适合重油类点心。

（六）油脂的润滑作用

油脂在面包中的主要作用就是充当面筋和淀粉的润滑剂。油脂能够有效地减小面筋网络的阻力，增加面团的延展性，从而增大面包体积。实践证明，固态油脂的润滑效果优于液态油脂。

（七）油脂的热学性质

油脂的热学性质主要表现在作为成熟介质上，在加热成熟的同时赋予食品特殊的油炸风味。

三、油脂在西点中的作用

（一）油脂在面包中的作用

油脂在面包中的作用为：

（1）油脂具有乳化性，可以抑制面团发酵时产生大的气泡，使组织细腻、均匀。

（2）使面包产生特殊的香味，增加面包的食用价值。

（3）油脂能在面筋和淀粉的分界面上形成润滑膜，减小面筋网络在发酵过程中的摩擦阻力，面筋的膨胀性得到有效发挥，面团涨发完全，从而保证了产品的体积和质量。

（4）油脂能够抑制面团水分挥发，延缓面包老化速度，延长货架寿命。

（5）增加面团的烤盘流动性，改善面团的操作性能。

（6）改善面包表皮性质，使表皮更加柔软。

（7）增加了面包的营养，提供热量的同时促进脂溶性维生素（维生素 A、维生素 D、维生素 E 等）的消化吸收。

（二）油脂在蛋糕中的作用

油脂在蛋糕中的作用为：

（1）使蛋糕具有特殊的风味，增加食用价值。

（2）提高产品的营养价值。

（3）因油脂具有乳化性，所以能够很好地保留制品中的水分，使产品质地松、软、细、嫩、滑，延长货架寿命。

（4）固态油脂在搅拌及烘焙过程中能很好地保留住气体，使产品能达到合适的体积。

能力培养

实践项目：分辨油脂

通过实践，找出熔化起酥油、黄油和人造黄油的有效方法，测试出这三种油脂的熔化温度范围；通过观察颜色、嗅尝味道等方法探索出这三种油脂在西点产品中的应用范围。

一、实践准备

人员：3 ~ 5 人一个小组。

设备：计算机、书籍、记录本、电磁炉、烤箱、烘焙用温度计、盆等。

场地：烘焙实验室。

二、实践过程

1. 分发给每个小组等量的起酥油、黄油、人造黄油。

2. 根据所学知识，采用合理的方法熔化起酥油、黄油、人造黄油。

3. 用温度计准确测量每种油脂的熔点，并记录下相应的变化过程。

三、实践结果

分析整理实验所得，完成表 2-2-2。

表 2-2-2　记　录　表

原料	熔化方法	熔点	特性	应用
起酥油				
黄油				
人造黄油				

四、实践评价

每组派一名代表汇报实践成果，进行教师评价、生生互评，将评价结果填写到表 2-2-3 中。

表 2-2-3　评　价　表

评价方式	评价内容				分数
	基本知识（20%）	任务完成情况（50%）	团队合作能力（15%）	工作态度（15%）	
学生自评（20%）					
小组互评（30%）					
教师评价（50%）					
总分					

任务反思

1. 制作面包时，选用黄油的好处有哪些？
2. 如果没有黄油，可以用哪种油脂替代呢？

任务 2.3　糖及糖浆

任务目标

知识：1. 了解糖和糖浆的种类。

　　　2. 熟悉糖的工艺性能。

　　　3. 掌握糖和糖浆的特点。

能力：1. 能够准确识别各种糖和糖浆。

　　　2. 能够运用美拉德和焦糖化反应为面包等西点制品增色。

知识学习

一、糖

糖又称食糖，是以甘蔗、甜菜等为主要原料，通过提取、结晶等工序制成的，根据聚合程度不同，可分为单糖、双糖和多糖。

单糖：组成糖的基本单位。食品中的单糖主要有葡萄糖、果糖和半乳糖等。

双糖：由两个分子的单糖缩合而成。主要有蔗糖、乳糖和麦芽糖。

多糖：由多个单糖缩合而成的高分子化合物。淀粉纤维素、果胶等都属于多糖。

糖类品种繁多，烘焙行业应用较多的主要有以下几种：

（一）白砂糖

白砂糖（图 2-3-1）简称砂糖，纯度很高，蔗糖含量在 99% 以上，外观为颗粒晶体状。根据晶体大小不同，砂糖分为粗砂糖、细砂糖和糖粉三种。

1. 粗砂糖

颗粒较粗，溶化速度较慢，主要应用于面包、西饼中，也可用作饼干的表面装饰，还可用来制作优质糖浆。

2. 细砂糖

细砂糖是烘焙食品的常用糖，颗粒细小，较易溶化。

3. 糖粉

糖粉（图 2-3-2）呈粉末状、易溶化，主要用于戚风蛋糕、酥性饼干、糖霜或奶油装饰产品中。

图 2-3-1　白砂糖　　　　　图 2-3-2　糖粉　　　　　图 2-3-3　绵白糖

（二）绵白糖

绵白糖（图 2-3-3）简称绵糖，质地绵软、细腻。因在生产过程中喷入了 2.5% 的转化糖浆，所以比砂糖要甜。绵白糖很受我国消费者喜欢，国外的烘焙行业却很少使用。绵白糖与白砂糖不同，区别见表 2-3-1。

表 2-3-1　白砂糖与绵白糖的区别

比较内容	白砂糖	绵白糖
颗粒大小	颜色洁白、颗粒如砂，一粒粒分得很清楚，倾倒时能发出"沙沙"的声音	色白、粒细，质感绵软，容易受潮
制作工艺	由甘蔗或甜菜经过提汁、澄清、煮炼、结晶、分蜜、干燥等工序制成的	由晶粒较细的白糖加入转化糖浆制成的
烘焙应用	适合熬制糖浆，同时因其独有的脆性，也适合烘焙制品的外层用糖	易使制品上色，同时易溶解于面团中，一般适合制作蛋糕或西点馅料

（三）红糖

红糖一般是指甘蔗经榨汁、浓缩形成的带蜜糖。按结晶颗粒不同，红糖可分为赤砂糖、红糖粉、碗糖等。因没有经过高度精炼，红糖几乎保留了蔗汁中全部营养成分，除具备糖的功能外，还含有维生素和微量元素，如铁、锌、锰、铬等，营养成分比白砂糖高很多。在烘焙产品中，红糖多用在颜色较深或香味较浓的产品中。

（四）冰糖

冰糖是砂糖的再结晶制品，一般为白色，也有微黄、微红、深红等颜色，因结晶如冰状，故名冰糖。

二、糖浆

（一）蜂蜜

蜂蜜是蜜蜂采集花蜜酿制而成的。蜂蜜随着蜜源不同，颜色差别很大，无论是单花还是多花，酿造的蜂蜜都具有一定的颜色，通常颜色浅淡的花粉酿出的蜜气味较好。蜂蜜在常温、常压下，具有两种不同的物理状态，即液态和结晶态。一般情况下，刚分离出来的蜂蜜都是液态的，澄清透明，流动性良好，经过一段时间放置以后或在低温条件下，大多数蜂蜜会形成固态的结晶。

蜂蜜中除了含有葡萄糖、果糖，还含有各种维生素、矿物质、氨基酸及人体不可或缺的微量元素，是天然的美容保健食品。蜂蜜能增加烘焙食品的保湿能力、改善产品的风味和色泽。

（二）麦芽糖浆

麦芽糖浆（图2-3-4）又称饴糖，是麦芽糖、葡萄糖和糊精的混合物，淡黄透明，可以代替蔗糖使用。麦芽糖浆甜度适中，较强的保湿性与良好的抗氧化、抗结晶性，使麦芽糖浆在食品行业得到了广泛的应用。

图2-3-4 麦芽糖浆

麦芽糖浆内含有麦芽糖和少量糊精、葡萄糖，可以较好地保持水分，是良好的面筋改良剂，同时还具有冰点低、化学稳定性好的特性，可防止西点产品老化，延长保质期，保持冷藏、冷冻食品良好口感。

（三）葡萄糖浆

葡萄糖浆又称淀粉糖浆，是以淀粉为原料，在酸或酶的作用下制成的一种糖浆，主要成分是葡萄糖。葡萄糖浆具有较强的吸湿性和保湿性，有利于糕点制品在一定时间内保持松软的质地。同时，葡萄糖浆中含有少量麦芽糖和糊精，具有与麦芽糖浆相近的功能与用途，烘焙行业主要利用其着色及抗结晶作用来提升制品的品质。

（四）转化糖浆

蔗糖在酸的作用下能水解成葡萄糖和果糖，葡萄糖和果糖的结合体称为转化糖，含有转化糖的水溶液称为转化糖浆。此糖浆可长时间保存而不结晶，多数用在中式月饼皮、沙琪玛和各种代替砂糖的产品中。

> **烘焙小贴士**
>
> 焦糖——砂糖加热熔化后呈棕黑色，作为香味剂或代替色素使用。
>
> 翻糖——转化糖浆继续搅拌后凝结成块状，用于蛋糕和西点的表面装饰。

三、糖的性质

1. 甜度

每一种糖都有一定的甜度，果糖的甜度最大，乳糖的甜度最小，不同的糖混合使用，能够互相提高甜度。

2. 溶解性

糖溶解于水，糖的溶解度与温度有直接关系，随着温度的升高，糖的溶解度会不断增加。

3. 结晶性

糖的品种不同，结晶性也不同，蔗糖易结晶，葡萄糖不具有结晶性，所以在熬制糖浆时添加适量的葡萄糖浆，可防止返砂。

4. 吸湿性

糖在湿度较高的环境中贮存时能够吸收空气中的水分，这种性质称为糖的吸湿性。

5. 渗透性

糖溶液具有很强的渗透压，糖分子很容易渗透到吸水后的蛋白质或其他物质中去，而把已经吸收的水分挤压出来。

6. 焦糖化反应

将糖类加热到其熔点以上的温度时，会产生黑褐色的物质——焦糖，这种焦糖能够给面包等西点产品带来迷人的色泽和可口的风味。

7. 美拉德反应

美拉德反应也称褐变反应，是西点制品表皮着色的另一有效途径。此反应除了生成色素物质外，还有一些挥发性的物质产生，这些挥发性的物质使面包、蛋糕等西点拥有特殊的烘烤香气。

四、糖在西点制品中的工艺性能

（一）改善西点制品的色、香、味、形

糖在蛋糕制品中起到了增强骨架的作用，同时完善了蛋糕的风味。烘焙制品配方中添加了糖，在烘烤过程中会发生美拉德反应和焦糖化反应，使制品产生独特的色泽以及烘焙味道。

（二）为酵母的发酵提供能量

在面包生产中添加一定量的糖，有助于酵母的繁殖与发酵。

（三）软化面筋结构，使产品的质地更细腻

在面包制作过程中，糖能够有效调节面筋的胀润度，增加面团的可塑性，同时还能防止面包收缩变形。

（四）延长制品的货架期

糖的高渗透压作用，可以抑制微生物的生长和繁殖，提高制品的防腐能力，延长制品的货架期。

（五）提高营养价值

每千克糖的发热量为 3 500 ~ 4 000 kcal（1 cal=4.184 J），可有效地补充体能，消除人体疲劳。

> **职业好习惯**
>
> 因糖尿病人不适宜食用含糖量高的食物，西点师可以选择木糖醇、甜菊、甜草酸、阿斯巴甜等原料替代糖类，生产糖尿病人专用食品。

能力培养

实践项目：感受糖和糖浆

观察并品尝绵白糖、砂糖、红糖及蜂蜜，找出它们在颜色、甜度及颗粒状态上的相同点和不同点。

一、实践准备

人员：3 ~ 5 人一个小组。

设备：计算机、书籍、记录本等。

场地：烘焙实验室。

二、实践过程

1. 每组领取等量的绵白糖、砂糖、红糖、蜂蜜。
2. 观察、品尝，找出这几种糖和糖浆在颜色、颗粒状态及甜度上的区别。

三、实践结果

分析整理所得数据，完成表 2-3-2。

表 2-3-2 记 录 表

比较内容	绵白糖	砂糖	红糖	蜂蜜
颜色				
颗粒				
甜度				

四、实践评价

每个小组派一名代表汇报实践成果，进行教师评价、生生互评，将评价结果填写在表 2-3-3 中。

表 2-3-3 评 价 表

评价方式	评价内容				分数
	基本知识（20%）	任务完成情况（50%）	团队合作能力（15%）	工作态度（15%）	
学生自评（20%）					
小组互评（30%）					
教师评价（50%）					
总分					

任务反思

1. 为什么红糖的营养价值高于白糖？
2. 使烘焙制品产生良好色泽的方法有哪些？

拓展阅读

任务 2.4 蛋 品

任务目标

知识：1. 了解鸡蛋的构成及其特点。

　　　2. 理解鸡蛋的主要成分及其在烘焙产品中的作用。

　　　3. 掌握鸡蛋的主要性能。

能力：1. 能正确挑选新鲜鸡蛋。

　　　2. 懂得影响蛋白质发泡的因素。

知识学习

　　西点中常用的蛋品有鲜蛋、冰蛋和蛋粉三大类。鲜蛋以鸡蛋使用最多，因为鸭蛋、鹅蛋都有异腥味。冰蛋可分为冰全蛋、冰蛋黄、冰蛋白。蛋粉是蛋液经喷雾干燥而成，有粉状和松散的块状两种形态，可分为全蛋粉、蛋黄粉等，我国西点行业使用较少。基于以上原因，我们重点介绍鸡蛋。

一、鸡蛋的主要特点及成分

　　鸡蛋主要由蛋黄、蛋清和蛋壳组成（图 2-4-1 和图 2-4-2）。蛋黄是浓稠的、不透明的、半流动的乳状液态物质。蛋黄中蛋白质占 15.6%，脂肪占 30%，还有糖类、无机盐、维生素及水分等。蛋黄中的蛋白质含有人体必需的氨基酸，消化吸收率在 95% 以上。蛋黄在西点制品中的作用不可忽视，可改善制品组织，赋予制品良好的色泽，保持制品水分，使其在保质期内具有柔软的口感。蛋清是一种白色的、半透明的半流动体。蛋壳具有易碎、多孔、渗透性强的特点，因此，外界的刺激性气味很容易进入蛋内，从而改变鸡蛋原有的味道。

图 2-4-1　新鲜带壳鸡蛋

图 2-4-2　鸡蛋

新鲜鸡蛋的成分见表 2-4-1。

表 2-4-1　新鲜鸡蛋的成分

鸡蛋部分	成分		
	蛋白质 /%	脂肪 /%	矿物质及其他 /%
全蛋	13	12	2
蛋清	12	—	2
蛋黄	17	32	2

二、如何挑选新鲜的鸡蛋

1. 看

看蛋壳的颜色、清洁程度、是否有裂缝等。新鲜的鸡蛋，蛋壳完整，无光泽，表面有一层白色的粉末，手摸蛋壳有一种粗糙的感觉。

2. 晃

用拇指、食指和中指捏住鸡蛋摇晃，没有声音，说明整个鸡蛋气室、蛋黄完整，是新鲜鸡蛋；有声音的则可能是陈蛋。

3. 光照

用手轻握鸡蛋，对着光观察，好鸡蛋蛋清、蛋黄界面清晰，呈半透明状，一头有小气室。如果鸡蛋不新鲜，则呈灰暗色，且空室较大。陈旧或变质的鸡蛋会有污斑。

> **职业好习惯**
> 鸡蛋在使用之前需将外壳清洗干净，并将废弃的蛋壳倒入不可回收垃圾桶内。

三、鸡蛋的主要工艺性能

（一）鸡蛋的 pH

新鲜蛋清的 pH 为 7.2 ~ 7.6，蛋黄的 pH 为 6.0 ~ 6.4，全蛋液则呈中性。在贮存过程中，随着养分的消耗及二氧化碳的蒸发，pH 会不断升高。在生产中，常用 pH 的高低来判断蛋液的新鲜程度。

（二）鸡蛋的冰点

一般认为蛋液的冰点在 -2 ℃左右，所以带壳蛋储藏在 0 ~ 2 ℃的环境中较好。

（三）蛋白质的起泡性

蛋白质是一种亲水胶体，具有良好的起泡性。在搅拌桨高速作用下，蛋白质薄膜包裹空气形成泡沫，随着搅拌的继续，泡沫越积越多，蛋液膨发，体积增大（图 2-4-3）。烘烤时，泡沫内的气体受热膨胀而使产品体积增大；蛋白质遇热变性、凝固，使得制品疏松多孔。

蛋清可以单独搅打成泡沫，用于生产蛋白类糕点及戚风蛋糕等，也可以全蛋液的形式进行搅打，如海绵蛋糕等。

影响蛋白质起泡的因素有以下五点：

1. 黏度

黏度对蛋白质的稳定性影响很大，黏度大的物质有助于泡沫的形成和稳定。蛋清常常与糖一起搅打，就是基于这个原因。

图 2-4-3 蛋白质起泡性

2. 油脂

油脂是一种消泡剂，单独搅打蛋清时一定不能沾有油脂。有些制品要求蛋黄和蛋清分开使用，主要是因为蛋黄中含有油脂的缘故。

3. pH

蛋白质在偏酸的情况下气泡较稳定，打蛋清时加入酸性物质能够增加泡沫的稳定性。

4. 温度

温度直接影响气泡的形成和稳定性。新鲜蛋清在 30 ℃时起泡性、稳定性均最好，温度过高或过低均不利于蛋白质的起泡。在实际操作中，夏天一般要将鸡蛋提前放入冰箱冷藏一下，冬天则要将鸡蛋提前拿到室温环境中。

5. 蛋的质量

蛋的质量直接影响蛋白质的起泡。新鲜的鸡蛋蛋清浓厚，起泡性好，陈旧的鸡蛋反之，长期贮存的鸡蛋起泡性更差，变质鸡蛋则不能使用。

（四）蛋黄的乳化性

蛋黄中含有的磷脂是一种天然的乳化剂，能使油性和水性物质均匀地混合在一起。可使制品组织细腻、质地均匀、疏松柔软。

（五）鸡蛋的凝固性

蛋白质对热极为敏感，受热后凝固变性。当温度超过 55 ℃时，蛋白质开始凝固，达到 80 ℃时，蛋白质完全凝固变性。这种凝固的物体经高温烘焙后失水变脆。

（六）改善制品的色、香、味、形及营养价值

鸡蛋中含有的多种营养成分，提高了西点产品的营养价值。鸡蛋中含有的多种蛋白质经过高温烘焙后，可赋予西点产品特有的芳香及诱人的色泽，在西点产品表面刷上一层蛋液，烘烤后即可形成美丽的棕红色。

烘焙小贴士

在制作面包蛋糕时，通常选用大个的鸡蛋作为标准。去壳的大个全蛋、蛋黄、蛋清的近似质量如下：

1 个全蛋约为57 g。

1 个蛋清约为38 g。

1 个蛋黄约为19 g。

能力培养

实践项目：实验油脂与水对蛋白质发泡性的影响

一、实践准备

人员：3 ~ 5 人一个小组。

设备：打蛋器、盆等。

原料：蛋清、油脂、水。

场地：烘焙实验室。

二、实践过程

1. 每组领取等量的蛋清、油脂、水等。

2. 进行三组实验，第一组使用干净的搅拌缸；第二组在搅拌缸上涂油；第三组在搅拌缸内留有少量的水，然后用这三个搅拌缸分别搅打等量的蛋清，观察蛋白质的起泡速度与搅拌的最终效果。

3. 分析整理所得数据。

三、实践结果

根据实验过程及结果，完成表 2-4-2。

表 2-4-2　记　录　表

比较内容	干净的搅拌缸	涂有油脂的搅拌缸	有水的搅拌缸
起泡速度			
最终效果			

四、实践评价

每个小组派一名代表汇报实践成果，进行教师评价、生生互评，将评价结果填写在表 2-4-3 中。

表 2-4-3　评　价　表

评价方式	评价内容				分数
	基本知识（20%）	任务完成情况（50%）	团队合作能力（15%）	工作态度（15%）	
学生自评（20%）					
小组互评（30%）					
教师评价（50%）					
总评分数					

任务反思

1. 如何挑选新鲜的鸡蛋？
2. 影响蛋白质发泡的因素有哪些？

任务 2.5　奶及奶制品

任务目标

知识：1. 了解奶及奶制品的种类及它们之间的区别。
　　　2. 理解奶类、奶粉、炼乳、奶油、奶酪的成分特点、营养价值、储存条件和应用范围。
　　　3. 掌握动物奶油、植物奶油的搅打方法及要领。
　　　4. 了解各种奶制品的适用人群及使用方法。
能力：1. 能正确识别各种奶及奶制品类，在实践操作中能根据产品需要正确选择奶及奶制品。
　　　2. 懂得奶及奶制品在西餐面点制品中的作用。

知识学习

在西餐面点制作中，牛奶是仅次于水的重要液体之一，奶及奶制品对烘焙制品的营养价值、风味、色泽、组织结构等都起着重要作用。

一、奶及奶制品的工艺性能

奶及奶制品具有如下工艺性能：
（1）能够提高面团的吸水率。
（2）能提高面团筋力及搅拌能力。

（3）能提高面团的发酵耐力。

（4）能改善制品的组织结构，延缓老化速度。

（5）赋予制品奶香味，提高营养价值。

二、常见的奶及奶制品

（一）牛奶

牛奶（图 2-5-1）是奶牛的乳汁。未经加工的牛奶被称为全脂鲜牛奶，经过脱脂处理的为脱脂鲜牛奶。未经杀菌处理的牛奶被称为生牛奶，一般不直接食用。经过巴氏杀菌的牛奶被称为巴氏杀菌牛奶。现在市场上还出售经过特殊加工的牛奶，如营养强化奶以及各种各样的风味牛奶，在烘焙行业可以根据产品的特殊需要选用。

图 2-5-1　牛奶

牛奶是天然食物当中营养价值最高的食材之一，被誉为"白色血液"。牛奶富含蛋白质、多种矿物质、脂肪、乳糖、维生素等。其中，蛋白质中含有人体所需全部 8 种必需氨基酸，是完全优质蛋白质。牛奶还是人体钙的最佳来源，钙磷比例适当，有利于钙的吸收；所含乳糖能使人体肠壁对钙的吸收达到 98%，从而可以对人体钙的代谢、骨骼钙化等起到调节促进作用。牛奶所含多种矿物质都能被人体直接吸收，乳脂中含有的少量卵磷脂更是人体脑神经细胞组成的重要物质，同时还可以调节胆固醇含量，保护心脏，降低高血脂及冠心病的发病率。

牛奶在西餐面点中的作用：

（1）调整面糊浓度。

（2）增加面点营养。

（3）调节组织结构，使制品口感细腻光滑。

（4）牛奶中的乳糖可以增加西点制品的色泽，赋予制品特殊香味。

牛奶在西餐面点制作中常被代替水使用，应用范围广泛，如椰丝牛奶小方糕、牛奶布丁、牛奶曲奇饼干、蛋挞、牛奶面包等。

（二）酸奶

酸奶（图 2-5-2）是以新鲜的牛奶或其他奶（羊奶、马奶）为原料，加入一定量的蔗糖，经巴氏杀菌冷却后，添加乳酸菌培养而成的一种奶制品，酸甜可口，口感细腻润滑，营养丰富。酸奶营养价值高于普通的牛奶和奶粉。

酸奶在西餐面点制作中应用广泛，如酸奶玛芬、酸奶面包、酸奶红丝绒蛋糕等。

（三）奶粉类

奶粉（图 2-5-3）是以鲜奶为原料，经浓缩后喷雾干燥而成。奶粉根据加工工艺可分为全脂奶粉和脱脂奶粉两大类。

图 2-5-2 酸奶

图 2-5-3 奶粉

全脂奶粉与脱脂奶粉的区别：

1. 制作

全脂奶粉是由纯乳加工生产的，基本保留了奶中原有的营养成分，蛋白质不低于 24%，脂肪不低于 26%，乳糖不低于 37%，适用于大多数人。脱脂奶粉是以新鲜奶为原料，添加或不添加营养强化剂，经脱脂、浓缩、干燥制成的，一般脂肪含量在 2% 左右，适用于肥胖人群。

2. 储存

全脂奶粉脂肪含量高，容易受高温和氧化作用而变质。脱脂奶粉相对好储存。

> **烘焙小贴士**
>
> 有人在饮用牛奶后会产生乳糖不耐受现象，胀气腹泻。对于这类人群，食用酸奶及其制品即可避免这种现象，同时酸奶中的乳酸还可以有效提高钙、磷在人体的消化利用率。

（四）炼乳类

炼乳是将鲜奶经真空浓缩或用其他方法除去大部分的水分，加入糖、氢化植物油、增稠剂等，浓缩至原体积 25% ~ 40% 的奶制品，主要用于西式点心、甜品酱料等。

1. 炼乳的种类

炼乳加工时，由于所用的原料和添加的辅料不同，可以分为淡炼乳、甜炼乳等。

（1）淡炼乳：俗名淡奶，为无糖炼乳，又称蒸发乳，是将牛奶浓缩到原体积 1/3 后装罐密封，经加热灭菌后制成具有保存性的奶制品。

（2）甜炼乳：将全脂或低脂牛奶中约 60% 的水除去，另加大量糖制成，常见形式为罐装和散装。

2. 炼乳在烘焙产品中的使用方法

（1）与其他烘焙原料一同使用，主要用于改善制品的口味。

（2）烘焙后使用，可以与可可粉、咖啡粉一起调和，涂抹在产品的表面，赋予产品特殊风味。

表 2-5-1 中列出了奶及其制品中水、脂肪、固形物（蛋白质、糖、矿物质）的含量。

表 2-5-1 奶及奶制品主要成分表

产品	水 /%	脂肪 /%	固形物 /%
全脂鲜牛奶	88	3.5	8.5
脱脂鲜牛奶	90	—	9
全脂炼乳	31	8.5	20
脱脂淡炼乳	72		28
全脂奶粉	1~2	27	71
脱脂奶粉	2.5	—	97

（五）奶油类

奶油，根据所使用的原料和工艺不同，可分为动物脂（淡）奶油和植脂奶油两大类。

1. 动物脂（淡）奶油

动物脂（淡）奶油是从牛奶中提炼出来的纯天然的食品，也称为乳脂奶油，一般油脂含量占到 80% 左右，吃起来香甜可口。相对植脂奶油而言，动物脂奶油具有入口即化、口感香浓、容易被人体吸收、营养价值高、有益健康等优点。与植脂奶油相比，动物脂奶油打发具有一定难度，所以较难造型，且造型后极易熔化。

动物脂奶油打发的要领：

（1）动物脂奶油保存条件为 4~7 ℃冷藏保存，如冰箱冷藏温度过低，建议使用毛巾将奶油包裹起来。切记不可冷冻保存，否则会使动物脂奶油冻伤，冷冻保存的动物脂奶油打发时会出现不易打发、打发过硬或者打发时成豆腐渣样的情况。

（2）部分国产动物脂奶油可以室温保存，如使用此种奶油需提前冷藏 12~24 h，使其彻底凉透。

（3）在夏季或环境温度过高时，须将搅拌桶冰透，在搅打时可以在搅拌桶下放一个冰水盆。

（4）打发动物脂奶油时动作要温柔，一般建议采用中低速搅打，速度过快容易油水分离。

（5）打发动物脂奶油时可以加糖粉，因糖粉易于溶化，所以选择糖粉。一般是 500 g 动物脂奶油添加 40 g 左右的糖粉。

（6）添加糖粉的最佳时机：当动物脂奶油搅打至浓稠时添加。

（7）当动物脂奶油打发到纹路清晰可见时即可，如继续搅打则产生过头现象。

（8）打发好的奶油需放冰箱冷藏待用。

2. 植脂奶油

植脂奶油（图 2-5-4）是植物油经过加氢处理后，加入动物或植物性蛋白质、糖、香精、水、乳化剂等混合而成的。植脂奶油具有熔化温度较高、容易造型、稳定性好、成本低廉等优点，且打发率是动物脂奶油的二倍。但是，相对动物性奶油来说，其突出的缺点是营养价值低，不易被人体吸收利用。

图 2-5-4　植脂奶油

植脂奶油打发的要领：

（1）植脂奶油的解冻。植脂奶油需冷冻保鲜，在使用时需提前解冻。解冻时间随环境温度变化而变化（表 2-5-2）。一般环境气温过低，比如冬季，可以提前 3～5 天将植脂奶油拿到冷藏室解冻；如果环境温度很高，比如夏季，可以提前 1～2 天将植脂奶油拿到冷藏室解冻。采用这种解冻方式，植脂奶油的起发量为 4～5 倍。打发后的奶油稳定性好、冷藏放置 24 h 不易起泡，经搅拌后可以正常使用。

根据实际工作需要，有时也会将植脂奶油拿到室温环境中解冻或用自来水冲洗浸泡解冻。前者解冻方法需要半天到一天的时间，后者需要 1～3 h。采用这两种方式解冻的植脂奶油起发量为 3～4 倍。打发后的奶油稳定性稍差，冷藏放置 24 h 后易发泡，经搅拌后勉强可以使用。无论采用哪种解冻方式，都要将植脂奶油完全解冻成液态，使其温度控制在 2～4 ℃为最佳。

表 2-5-2　植脂奶油解冻情况表

解冻方式	起发量	稳定性	存放 24 h 后使用情况
冷藏室解冻	4～5 倍	良好	不易发泡，可正常使用
室温解冻	3～4 倍	一般	易发泡，可勉强使用

（2）植脂奶油打发条件。室温环境对奶油打发有很大的影响，如果是春秋季节（室温环境在 20 ℃以下），奶油打发的温度最好控制在 4～8 ℃。如果是在夏季（室内环境温度在 20 ℃以上），奶油需隔冰水打发，且搅打之前最好将搅拌桶冰冻一下，将奶油打发温度控制在 0 ℃左右。如果是冬季，在室温下搅打即可。

打发温度直接影响植脂奶油的起发量、稳定性以及口感。如果打发的温度过高，起发性、稳定性就差，冷藏后口感不好。反之，如果打发的温度过低，比如打发带有冰碴的植脂奶油时，起发性不受太大影响，但是稳定性极差，没有支撑力，不适于裱花。而且这样的奶油口感极差，很泡。

（3）植脂奶油打发速度。植脂奶油打发时先用慢速，将奶油打起来后改用快速，打到几乎到需要的程度时改用慢速继续搅打到需要的软硬度。这样做是慢速搅打让奶油苏醒，慢慢地充入气体，等到奶油的组织足够强壮，改为快速搅打，让奶油油膜包裹住大量的气体，体积不断增大，最后改为慢速是让充入的气体均匀分布，排除多余的空气，使奶油组织细腻光滑（图 2-5-5）。

图 2-5-5　植脂奶油搅打

（4）植脂奶油打发好后需冷藏保存。

（六）奶酪类

奶酪，又名乳酪，或译为芝士、起司、起士，是多种奶制品的通称，有各式各样的味道、口感和形式。奶酪以奶类为原料，含有丰富的蛋白质和脂质。大多奶酪呈乳白色或金黄色。

常见奶酪品种有：

1. 马苏里拉奶酪

马苏里拉奶酪（图 2-5-6）原产于意大利南部，用水牛奶制作而成，质地柔软，味道温和清淡，脂肪含量 45%，属于低脂奶酪，加热后拉丝效果显著，主要用于比萨的制作，需冷冻保存。

2. 奶油奶酪

奶油奶酪（图 2-5-7）是一种未成熟全脂奶酪，经加工后，其脂肪含量可超过 50%，奶酪味道清淡柔和，质地细腻。这类奶酪制作过程中掺入了鲜奶油或鲜奶油和牛奶的混合物，是一种新鲜奶酪。此种奶酪在开封后都极易吸收其他味道而变质，所以不能久放。奶油奶酪是奶酪蛋糕中不可或缺的重要原料。

3. 马斯卡彭

意大利式的奶油奶酪，是一种将新鲜牛奶发酵凝结，继而去除部分水分后所形成的"新鲜奶酪"，其固形物中奶酪脂肪成分 80%。软硬程度介于鲜奶油与奶油奶酪之间，洁白湿润的色泽与清新的奶香，微微的甜味与浓郁滑腻的口感，使其成为制作提拉米苏的主要食材。这种奶酪开封即食，需冷藏保存。

图 2-5-6　马苏里拉奶酪

图 2-5-7　奶油奶酪

优质的奶酪在西餐厅、面包连锁企业应用广泛，常用于制作馅料与奶酪蛋糕。奶酪因其多样化的应用为顶级烘焙师们的研发提供了无限的想象空间，他们开发出了香蕉奶酪蛋糕、巧克力奶酪蛋糕等一系列口味鲜美的奶酪蛋糕，使奶酪越来越受到人们的喜爱。

能力培养

实践项目：影响动物脂奶油搅打的因素

一、实践准备

人员器材：3 ～ 5 人一个小组，照相机、记录本。

实践场地：烘焙实验室。

设备原料：鲜奶搅拌机、冰箱、温度计、动物脂奶油、盆。

二、实践过程

每组搅打动物脂奶油 1 ～ 2 次，并记录实验数据，实验结束后分析整理。

三、实践结果

整理记录，将心得体会写在下面。

心得体会：

四、实践评价

各小组展示作业成果，并由代表进行汇报，开展组间互相学习，并完成表 2-5-3。

表 2-5-3 评 价 表

评价方式	评价内容				分数
	基本知识 （20%）	任务完成情况 （50%）	团队合作能力 （15%）	工作态度 （15%）	
学生自评（20%）					
小组互评（30%）					
教师评价（50%）					
总分					

任务反思

1. 如果在蛋糕或面包中添加了牛奶，那么在制作中需要减少哪种原料？
2. 奶酪在比萨和芝士蛋糕中的作用分别是什么？

任务 2.6 水

任务目标

知识：1. 了解水的软硬度。

2. 理解西餐面点的用水要求。

3. 掌握水质对面团的影响及其处理方法。

能力：1. 能正确使用水，并做到节约用水。

2. 懂得水在西点制品中的主要作用。

知识学习

水是面包等西点制品生产的主要原料之一，尤其在面包生产中，用水量占面粉的 50% 以上，水对面包制品的影响至关重要。

一、水的分类

在日常生活中，我们经常见到水壶用久后内壁会有水垢生成，这是因为我们取用的水里含有钙、镁等无机盐成分，这些无机盐受热后会以碳酸盐的形式沉淀下来，也就是我们见到的水垢。我们通常用"硬度"来表示水中无机盐的含量，硬度 1 度相当于每升水中含有 10 mg 的氧化钙。

（一）软水

低于 8 度的水被称为软水。

（二）硬水

高于 17 度的水被称为硬水。介于 8~17 度的水被称为中度硬水。

根据硬水内所含矿物质的数量及成分不同，可分为暂时硬水和永久硬水。

1. 暂时硬水

水中的钙盐和镁盐经加热煮沸后可析出沉淀物和分解成二氧化碳而变软的为暂时硬水。

2. 永久硬水

水中的钙盐和镁盐经加热煮沸后不能除掉的为永久硬水。

在天然水中，雨水和雪水属软水。泉水、溪水、江河水属于暂时硬水，部分地下水属永久硬水，蒸馏水为人工加工而成的软水。

（三）碱性水

水的 pH 大于 7 的水为碱性水。

（四）酸性水

水的 pH 小于 7 的水为酸性水。

二、水在面包等制品中的作用

1. 水化作用

（1）蛋白质吸水膨胀形成面筋网络，能够提高面团的持气能力。

（2）淀粉吸水糊化，易被人体消化吸收。

2. 溶剂作用

水可以有效地溶解各种干性物质原料，形成均匀的面团。

3. 其他作用

（1）水可以调节和控制面团的软硬度。

（2）水可以调节和控制面团温度。

面包面团搅拌的最佳温度在 25~28 ℃，有效控制水温可达到理想的面团搅拌温度。

（3）水可作为烘焙中的传热介质。

> **职业好习惯**
> 珍惜水资源，节约用水，杜绝浪费！

三、水质对面包面团的影响及处理方法

水中的矿物质一方面可以提供酵母发酵所需要的养分，另一方面可增强面筋。但是如果水中的矿物质过多，则会使面团筋性太强，就如同添加了过多的改良剂一样，抑制发酵。

（一）硬水

水质过硬，容易使面包面团的面筋发生硬化，韧性增强，抑制面团发酵，从而造成面包体积过小，口感粗糙。

如果在生产中遇到水质过硬的情况，可以采用将水煮沸的办法，也可以采用增加酵母用量、提高发酵温度、延长发酵时间等办法。

（二）软水

如果水质过软，则会使面包面团的面筋过度软化，黏性增大，从而抑制面团吸水，使面团筋力不够，保持气体的能力下降，容易塌陷，严重影响产品质量。遇到水质过软的水时，最好的处理办法是添加硬水。

（三）酸性水

微酸性水有助于酵母的繁殖发酵，如果酸性过高，发酵速度太快，面筋软化，保持气体的能力下降，面包会有酸味，影响制品的风味。

如果水的酸性过大，可以用碱性水来中和。

（四）碱性水

弱碱水会抑制酵母发酵，从而延长发酵时间。长时间的发酵会使面团发软、筋力降低，缺乏应有的弹性，从而降低保持气体的能力，使面包制品发黄、变味。

可通过添加酸性水或者酸性物质来中和碱性水。

> **烘焙小贴士**
>
> 面包用水的选择：
>
> 在健康安全用水的基础上，无论生产哪种面包，水的 pH 要小于 7，一般 pH 5～6 为最好。另外，水的硬度要求为中硬度水（8～12 度）。

能力培养

实践项目：实验硬水与软水对酵母发酵能力的影响

一、实践准备

两份中筋粉各 250 g、硬水 150 g、软水 150 g、两份酵母各 3 g，和面用的工具、刮板、刀等，计时器、记录本等。

二、实践过程

将 3 g 酵母、150 g 常温硬水、250 g 面粉和成硬水面团。另将 3 g 酵母、150 g 常温软水、250 g 面粉和成软水面团，常温下自然发酵，观察这两种面团的发酵速度、发酵后面团的软硬度、弹性等。

三、实践结果

1. 在图 2-6-1 上绘制产气量与时间的比例图。

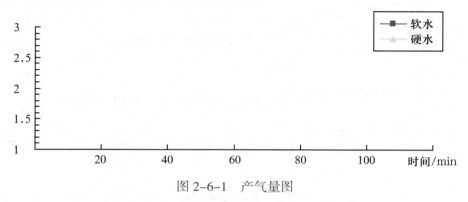

图 2-6-1 产气量图

2. 结合上述观察结果总结水质对酵母发酵及面团可塑性的影响。

任务反思

日常生活中如何判断水质的酸碱性、软硬度？

项 目 小 结

项目 2 小结见表 2-1。

表 2-1 项目小结表

任务		知识学习	能力培养
2.1	面粉	小麦 小麦面粉 黑麦面粉 面粉的工艺性能 面粉在蛋糕和面包中的作用 面粉的贮藏	1. 观察并品尝吐司面包、全麦面包、黑面包、戚风蛋糕、曲奇饼干，记录下这五款西式点心的组织结构特点、味觉感受 2. 上网查找吐司面包、全麦面包、黑面包、戚风蛋糕、曲奇饼干的原料配方，并记录下这五种西点所使用的面粉种类 3. 到实验室找出并观察吐司面包、全麦面包、黑面包、戚风蛋糕、曲奇饼干所使用的面粉，从颜色、面粉颗粒的粗细、手握之后成团的松散度等方面进行比较分析，做好记录
2.2	油脂	西点中常用油脂 油脂的工艺性能 油脂在西点中的作用	实验熔化起酥油、黄油、人造黄油，找出熔化的最好方法。通过实验测试出它们的熔化温度，从颜色、味道上总结它们的特性，探索它们在西点上的主要应用
2.3	糖及糖浆	糖 糖浆 糖的性质 糖在西点制品中的工艺性能	从颜色、性状上总结绵白糖、砂糖、红糖、蜂蜜的特性，根据这些糖的各自特点，探索其在西点上的主要应用

任务		知识学习	能力培养
2.4	蛋品	鸡蛋的主要特点及成分 如何挑选新鲜的鸡蛋 鸡蛋的主要工艺性能	到面包房去考察一下，试着找出鸡蛋在蛋糕中的作用
2.5	奶及 奶制品	奶及奶制品的工艺性能 常见的奶及奶制品	影响动物脂奶油搅打的因素
2.6	水	水的分类 水质对面包面团的影响及处理方法 水在面包等制品中的作用	实验硬水与软水对酵母发酵能力的影响

项 目 测 试

一、名词解释

1. 面筋蛋白质：_____

2. 碳水化合物：_____

3. 淀粉糊化：_____

4. 淀粉老化：_____

5. 面粉的产气力：_____

6. 面筋：_____

7. 面粉吸水率：_____

8. 面粉的熟化：_____

二、选择题

1. 据蛋白质含量的多少，我们把小麦面粉分为（　　）。

A. 高筋面粉　　　　B. 中筋面粉　　　　C. 低筋面粉　　　　D. 通用粉

2. 通常评价面筋的质量和工艺性能的指标有（　　）。

A. 延伸性　　　　B. 可塑性　　　　C. 弹性　　　　D. 韧性

3. 油脂的工艺性能有（　　）。

A. 油脂的起酥性　　B. 油脂的可塑性　　C. 油脂的熔点　　D. 油脂的充气性

4. 面包等烘焙产品烘烤过程中上色是由于糖的（　　）。

A. 溶解性　　　　B. 结晶性　　　　C. 美拉德反应　　　　D. 焦糖化反应

5. 鉴别鸡蛋的新鲜度时可采用的方法有（　　）。

A. 看　　　　B. 晃　　　　C. 光照　　　　D. 水浮

6. 水在面包等制品中的作用有（　　　）。

A. 水化作用　　　　　　　　　　　　B. 溶剂作用

C. 调节和控制面团软硬度　　　　　　D. 调节和控制面团温度

7. 小麦的组成成分包括（　　　）。

A. 麦麸　　　　　　B. 胚芽　　　　　　C. 内胚乳　　　　　　D. 蛋白

8. 糖又称食糖、碳水化合物，是以甘蔗、甜菜为主要原料通过提取结晶而成，根据聚合程度可将糖分为（　　　）。

A. 单糖　　　　　　B. 双糖　　　　　　C. 多糖　　　　　　D. 蔗糖

9. 影响蛋白起泡的因素有（　　　）。

A. pH　　　　　　　B. 黏度　　　　　　C. 油脂　　　　　　D. 温度

10. 下面属于小麦面粉提取物的是（　　　）。

A. 小麦蛋白粉　　　B. 小麦胚芽粉　　　C. 全麦粉　　　　　D. 自发粉

三、判断题

（　　　）1. 面粉的熟化时间以 3～4 周为宜。新磨制的面粉在 4～5 天后进入面粉的呼吸阶段，开始"出汗"，这一时期面粉发生一系列的生化和氧化反应，通常一个月左右的时间反应完成，面粉达到熟化。

（　　　）2. 油脂是油和脂的总称。常温下液态的称为脂，固态的称为油。

（　　　）3. 新鲜的黄油是含有大约 80% 的脂肪、15% 的水和 5% 的牛奶固体。

（　　　）4. 人造黄油又称麦淇淋，是以氢化植物油为主要原料，加上适量的牛奶或牛奶制品、乳化剂、调味料、色素、防腐剂、抗氧化剂等调制而成。

（　　　）5. 人造黄油有较强的与空气混合能力，使其制品更加膨松。

（　　　）6. 新鲜蛋白液的 pH 为 7.2～7.6，蛋黄液的 pH 为 6.0～6.4，全蛋液则呈中性。

（　　　）7. 动物脂奶油保存条件为 4～7 ℃冷藏保存，如冰箱冷藏温度过低建议使用毛巾将奶油包裹起来。

（　　　）8. 高于 17 度的水称为硬水，介于 8～17 度的称为软水。

（　　　）9. 保存黄油要求密封冷藏。

（　　　）10. 熔化黄油要采用隔水加热的方法。

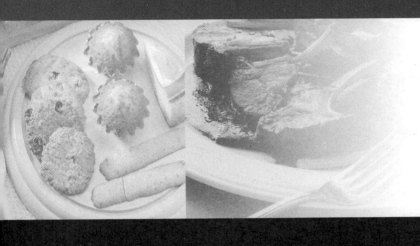

项目 **3**

西餐面点辅料

实训课上，老师给出了生产南瓜面包的任务，同学们热情高涨。小张同学平时就爱耍小聪明，东瞅瞅西看看的他不知道又有什么鬼点子。两堂课的时间在大家匆忙的劳动中很快过去了，面包进醒发箱前，同学们都习惯让老师检查一下，看到小张做的南瓜面包颜色明显比其他同学的要深，而且面团相对光滑明亮，老师瞬间明白了什么似的把小张叫过去……香喷喷的面包出炉了，老师点评作品时拿出两个颜色明显有区别的面包对大家说："同学们，作为一名专业的西点师，大家要遵守国家法律，严守职业道德，我们生产的每一个面包、每一组蛋糕甚至每一块饼干都与食用者的身体健康息息相关，食品添加剂的使用的确有很多有利的方面，但是并不是所有的生产都需要食品添加剂，也不是所有的添加剂都能用于食品的生产，比如我们熟悉的柠檬黄只能用于生日蛋糕的裱花，而不能应用于生产其他西点产品，老师左手上托着的是添加了柠檬黄的面包，所以无论这款面包颜色多好我们都不能食用，更不能销售，当然生产者这次的实践分数也是不及格的。"

听了老师的话，小张同学羞愧地低下了头。

色、香、味、形和软、硬、脆、韧等口感是衡量西点产品质量的重要指标，然而，同一加工过程难以解决产品的多方面要求；同时由于糖尿病等特殊人群的饮食需求，很多原料如糖等不能直接用于生产，需要选用具有同等性质的添加剂替代。所以在西点的制作过程中适当地使用着色剂、食用香精香料、增稠剂、乳化剂、改良剂等，既能提高产品的感官指标又能满足人们对食品风味和口味的特殊需求。

本项目中讲解了食品添加剂的使用原则，物理膨松法、化学膨松法、生物膨松法的概念，食品添加剂的使用要领，还有水、果蔬等辅助原料在西点中的应用。

任务 3.1   食品添加剂概述

任务目标

知识：1. 了解西餐面点常用的食品添加剂。

2. 理解食品添加剂的概念。

3. 掌握食品添加剂的使用原则、选购要求。

能力：1. 能正确使用食品添加剂。

2. 懂得食品添加剂使用的注意事项。

知识学习

一、食品添加剂的概念

为了改善食品的加工工艺，完善色、香、味等视觉、味觉效果以及防腐和延长食品保质期而添加的化学合成（或天然）物质为食品添加剂。通过化学方法合成的物质为人工合成添加剂；利用动植物或微生物的代谢产物等作为原料，提取加工的物质为天然食品添加剂。

添加剂种类繁多，西餐面点上常用的有膨松剂、乳化剂、改良剂、增稠剂、着色剂、香料及其他添加剂。

二、食品添加剂使用原则

鉴于某些食品添加剂本身不一定有营养，甚至个别添加剂还有一定毒性，使用时，必须根据目的有针对性地加入。使用食品添加剂要掌握以下原则：

（1）尽可能不用或少用食品添加剂。

（2）不得用食品添加剂来掩盖产品的缺陷（如异味、变质等）或作为造假的手段。

（3）不得降低产品本身的质量和卫生要求。

三、食品添加剂选购要求

1. 选用范围

使用的添加剂必须是列入《食品安全国家标准 食品添加剂使用标准》（GB 2760—2014）的品种。

2. 使用范围

必须按照《食品安全国家标准 食品添加剂使用标准》（GB 2760—2014）中的使用范围

和使用量使用，如柠檬黄只能用于糕点裱花，而不能用于其他西点产品。复合食品添加剂中的单项添加剂成分应在《食品安全国家标准 食品添加剂使用标准》（GB 2760—2014）范围内。

3. 索证要求

向食品添加剂的供货商索取卫生许可证复印件，应注意许可项目和发证日期，发证机关必须是省级行政部门。如果使用的是复合添加剂，许可证上须有标明。购入食品添加剂时需填写《食品添加剂索证登记表》。

4. 包装标志

食品添加剂必须有包装标志和产品说明书，标志内容包括品名、产地、厂名、卫生许可证号、规格、配方或者主要成分、生产日期、批号或者代号、保质期限、使用范围与使用量、使用方法等，并在包装上明确标示"食品添加剂"字样。

四、食品添加剂的作用

食品添加剂有以下作用：

（1）改善和提高食品色、香、味及口感等感官指标。

（2）保持和提高食品的营养价值。

（3）延长食品的货架寿命。

（4）增加食品的花色品种。

（5）有利于食品加工。

（6）满足不同人群的需要。

五、食品添加剂使用注意事项

使用食品添加剂时，应注意以下事项：

（1）生产实训室应备有食品添加剂专用称量工具，绝不能超过规定的使用量。

（2）食品添加剂需设有专柜、专架，定位存放，不得与其他原料或食物混放。

（3）对于复合食品添加剂，必须严格按照使用说明书的范围、用量添加使用。

（4）使用时须认真填写食品添加剂使用记录，保存备用。

能力培养

考察市场上食品添加剂的包装标志，记录下哪些产品是符合要求的。

任务反思

设计制作一个食品添加剂使用记录表格。

任务 3.2　膨　松　剂

任务目标

知识：1. 了解食品常用的膨松方法。

2. 理解物理、生物、化学膨松法的膨松原理。

3. 了解酵母的种类和影响酵母发酵的因素。

4. 掌握酵母的使用方法。

能力：1. 理解并熟记关键名词。

2. 了解化学膨松剂的种类及应用范围。

知识学习

膨松剂，也称疏松剂、膨大剂，是西点中重要的添加剂之一。对添加了膨松剂的面团进行操作或加热成熟时，膨松剂产生的二氧化碳或者氨气等气体受热膨胀，在面团内部形成致密的多孔组织，使成熟后的制品具有酥脆或松软的特性。西餐面点行业使用的膨松剂主要有生物膨松剂和化学膨松剂两大类。

一、膨松剂的作用

在西点制作中，膨松剂有以下作用：

（1）膨松剂能够使西点制品体积膨大、组织多孔、柔软可口。

（2）由于膨松剂的作用，使得制品组织更加膨松、风味更加突出。

（3）由于酵母等的作用，使得制品更容易消化吸收。

二、食品膨松的方法

（一）物理膨松法

物理膨松法又称机械力胀发法，俗称调搅法，是利用机械高速搅打，将空气拌入并保留在面糊或面团内，成熟时，包裹的气体受热膨胀，形成膨大、松发、多孔的制品的一种方法。采用物理膨松法生产的食品具有松酥性好、营养丰富、柔软适口等特点。物理膨松法在西点制作中的应用形式主要有以下三种。

1. 以油脂作为膨松介质

油脂在机械打发过程中，被动地充入气体，使食品在加热成熟后具有膨松的效果。要想使面团达到理想的膨松效果，使用的油脂应具有良好的可塑性和融合性，代表作品有奶油蛋糕、曲奇饼干等。

2. 以蛋液作为膨松介质

通过机械的高速搅打，将气泡包裹进蛋白，烘焙时气泡膨胀，制品体积膨大，代表作品有海绵蛋糕、天使蛋糕等。

3. 以水蒸气作为膨胀介质

制品在烘焙时，面团内部的水分及油脂受热分离，产生爆发性强蒸汽压力，像吹气球般使制品外皮膨胀并将气体包起来，代表作品有泡芙等。

（二）生物膨松法

生物膨松法是利用酵母的生物特性使制品膨松的一种方法，代表制品有面包、比萨等。

（三）化学膨松法

化学膨松法是利用化学膨松剂使制品膨松的一种方法，代表作品有饼干、酥点等。

三、生物膨松剂

（一）生物膨松剂的概念

利用微生物繁殖发酵产生二氧化碳气体，使产品起发的膨松剂称为生物膨松剂。

（二）生物膨松剂的作用原理

酵母是西餐面点上常用的生物膨松剂，在面团内利用糖和淀粉作为能源物质，繁殖发酵，产生二氧化碳气体和醇类、醛类、酯类及有机酸等物质，使制品膨松多孔而又富有风味。

（三）生物膨松剂的代表——酵母

酵母，是一种肉眼看不见的微小单细胞微生物，是一种典型的兼性厌氧型微生物，在有氧和无氧的条件下都能存活。酵母含有人类所需的 8 种必需氨基酸，酵母蛋白中氨基酸的比例构成符合联合国粮农组织和世界卫生组织的推荐标准，而且含量远远高于大豆等其他食物，是优质蛋白的最佳来源。酵母内还含有丰富的维生素及矿物质，矿物质与酵母细胞内的蛋白质或多糖等物质结合，处于有机态，有利于人体消化吸收，所以添加了酵母的食品更适合老年及儿童食用。

1. 酵母的种类

酵母产品种类较多。根据作用对象不同，可分为食用酵母和饲料酵母。食用酵母有面包酵母、食品酵母、药用酵母等种类。面包酵母又可分为压榨鲜酵母、活性干酵母和快速活性干酵母（即发干酵母）三种。

（1）压榨鲜酵母（鲜酵母）呈淡黄色，具有紧密的结构且易粉碎，有很强的发面能力。这种酵母保质期短，储藏条件要求高，需在 4 ℃以下的冰箱中冷藏。

（2）活性干酵母发酵效果与压榨鲜酵母相近，产品用真空或充惰性气体的铝箔袋或金属罐包装，货架寿命为半年到 1 年。与压榨鲜酵母相比，它具有保存期长、不需低温保存、运输和使用方便等优点。使用前将酵母溶解效果更佳。

图 3-2-1   快速活性干酵母

（3）快速活性干酵母（图 3-2-1）是一种新型的具有快速高效发酵力的细小颗粒状产品。与活性干酵母相同，快速活性干酵母产品也采用真空或充惰性气体包装，货架寿命为 1 年以上。快速活性干酵母颗粒较小，发酵力高，使用时无须提前水化，可直接与面粉等原料混合，在短时间内完成发酵。

图 3-2-1

2. 酵母的选择

不同的酵母不仅发酵力不同，发酵特性有很大差异，而且适用的产品配方、工艺要求等也各有不同。生产面包的酵母应该具有产气量大，产气后劲足，耐高糖、高盐等特点。面包酵母有以下几个关键名词术语。

产气力——酵母产生气体、膨胀面团的能力。

产气后劲——酵母持续产气的能力。在面团发酵过程中，第一阶段发酵速度较慢，产气量少，越往后发酵速度越快，产气量越大。

耐渗透压能力——对高糖和高盐环境的承受能力。

3. 酵母的使用

（1）添加方法。酵母对温度的变化最敏感，如前所述，酵母的活性和发酵耐力随温度的变化而变化，对于没有空调的加工场地，或使用不能恒温操控的搅拌设备，均需根据环境温度的变化而改变用水温度。夏季多用冷水，冬季多用热水，使用前可用 30 ℃左右、4 倍于酵母量的温水将其溶解活化，保证酵母均匀分散，同时尽量避免直接接触到糖、盐等高渗透压物质。

> **烘焙小贴士**
>
> 高活性干酵母采用的是真空包装，使用时如果发现包装袋变软，说明产品密封不好，有空气进入，使用这样的酵母会影响产品质量。

（2）使用量。酵母的使用量与产品的原料、配方、工艺过程等都有很大关系，详见表 3-2-1。

表 3-2-1   酵母的使用量与产品原料、配方、工艺过程等的关系

发酵方法	发酵次数越多，酵母用量越少，反之越多；快速发酵法用量最多，一次发酵法次之，两次发酵法用量最少
配方比例	配方中糖、盐、鸡蛋、油脂用量多时，应增加酵母用量；反之应减少
面粉筋力	面粉筋力越大，面团韧性越强，酵母用量越多；反之，应减少酵母用量

季节变化	夏季酵母生长繁殖和发酵快，可减少酵母用量；春、秋、冬季应适量增加酵母用量
面团软硬	加水多的软面团，酵母生长繁殖和发酵快，可少用酵母；加水少的硬面团则应多用酵母
水质软硬	使用硬度较高的水时应增加酵母用量，使用较软的水时则应减少酵母用量
酵母种类	由于鲜酵母、活性干酵母、即发干酵母的发酵力差别很大，在使用量上也就明显不同。一般同等情况下，鲜酵母∶活性干酵母∶即发干酵母为 3∶2∶1

4. 酵母的作用

（1）完成面团的胀发，使产品具有疏松、柔软的特性。

这是酵母重要的作用之一。面团利用酵母的生物特性，产生大量的二氧化碳气体，烘烤后体积膨大疏松。

（2）改善面筋的弹力，伸展力。

酵母发酵，除了产生气体外，还产生醇类、醛类、酯类等物质。这些新物质能改善面团的性能，有利于面筋的延伸性和弹性，使面团的蜂窝状组织更加细密、软润。

（3）赋予制品特有的发酵风味。

面团在发酵过程中产生的醇、酮、酯、醛及有机酸等物质，烘烤后形成发酵制品特有的芳香味道。

（4）增加产品的营养价值，利于人体消化吸收。

在酵母作用下，面团中的一部分营养物质发生水解或转化，变成可被人体直接吸收利用的营养成分。同时，酵母本身含有丰富的蛋白质、维生素和矿物质，提高了制品的营养价值。

四、化学膨松剂

化学膨松剂是指通过化学反应产生气体的化合物，一般可分为碱性膨松剂和复合膨松剂两大类，常用的有苏打粉、碳酸氢氨（大起子、臭粉）、泡打粉等。

1. 苏打粉

苏打粉（图 3-2-2）学名碳酸氢钠，俗称小苏打，遇水或酸会释放出二氧化碳气体，使制品膨胀酥松。苏打粉反应速度较快而且不用加热（温度高可以加快反应速度），使用苏打粉的面团或面糊调制好后必须马上使用，否则气体散失，影响效果。

蜂蜜、糖浆、牛奶、果汁、巧克力等酸性物质均可以和苏打粉发生反应，制作点心时如配方中含有上述物质，可以和苏打粉一起使用，但要注意保持酸碱平衡。

2. 泡打粉

泡打粉（图 3-2-3）是一种复合膨松剂，又称发粉，主要用于蛋糕、面包、饼干、桃酥等制品的快速起发，复合膨松剂根据酸碱中和反应原理配置而成，生成物呈中性，消除了苏打粉和臭粉单独使用的缺点。泡打粉根据反应速度快慢可分为快速泡打粉、慢速泡打粉和复合型泡打粉。

3. 臭粉

臭粉（图 3-2-4）学名碳酸氢氨，烘焙制品烘烤时碳酸氢氨可以分解为二氧化碳、氨气和水，使制品膨松酥脆。碳酸氢氨受热后可以在极短的时间内分解，适宜制作饼干等干点，在干点面团中氨气才能完全释放出来。

图 3-2-2 苏打粉   图 3-2-3 泡打粉   图 3-2-4 臭粉

能力培养

实践项目：测试温度对酵母产气能力和产气时间的影响

一、实践准备

1. 醒发箱、面盆、量杯、温度计、电磁炉等。
2. 准备三份中筋面粉各 250 g、三份酵母各 3 g。

二、实践过程

使用等量的 30 ℃的温水将面粉和酵母和成三份面团，将三份面团分别放入温度为 10 ℃、20 ℃、40 ℃，湿度均为 75% 的醒发箱内，每隔 10 min 观察面团的产气量、软硬度，做好记录，比较分析。

三、实践结果

将实验数据及结论填写到表 3-2-2。

表 3-2-2 温度、时间对酵母产气力及软硬度的影响

实验项目	温度	时间				
		10 min	20 min	30 min	40 min	50 min
面团的产气量及软硬度	10 ℃					
	20 ℃					
	40 ℃					
结论：						

任务反思

1. 物理膨松法、生物膨松法、化学膨松法在膨松原理上有哪些不同？
2. 分析比较小苏打、臭粉、泡打粉各自的优缺点。

任务 3.3 改 良 剂

任务目标

知识：1. 了解氧化剂、还原剂、乳化剂、酶制剂的概念。
2. 理解蛋糕油、塔塔粉的作用原理。
3. 掌握改良剂在西点上的应用。

能力：1. 熟知各种改良剂在西点制作中的作用。
2. 知道各种改良剂使用的注意事项。

知识学习

改良剂是指能够改良产品品质及性能的物质。食品改良剂是在食品加工过程中少量使用便可改善产品性能、品质及风味的化合物，常见的有氧化剂、还原剂、乳化剂、酶制剂等。

一、氧化剂

氧化剂是指能够增强面团筋力，提高面团弹性、韧性和持气性，增大产品体积的一类食品添加剂。

二、还原剂

还原剂是指能降低面团筋力，使其具有良好可塑性和延伸性的一类化学合成物质。面包制作过程中适当使用还原剂，不仅可以缩短调粉和发酵时间，还能改善面团的加工性能、组织结构，抑制产品老化。

三、乳化剂

乳化剂是一类具有表面活性的，能有效降低液体间的界面张力，使互不相溶的液体互相乳化，从而形成稳定的乳浊液的有机化合物。由于它具有多种功能，因此也称为面团改良剂、保鲜剂或抗老化剂、柔软剂、发泡剂等，在蛋糕类、面包类、饼干类西点中都有广泛的应用。

乳化剂有以下作用：

（1）降低油水界面的张力，促进乳化作用。

（2）乳化剂与淀粉和蛋白质等相互作用，可以改善食品的结构和流动性，起到改良面团的作用。

（3）乳化剂能够与淀粉作用，延缓食品老化。

（4）促进蛋白、油脂等原料发泡，同时能够稳定泡沫。

四、酶制剂

酶制剂是一类从动物、植物、微生物中提取的具有生物催化能力的蛋白质，具有高效性、专一性，在适宜条件（pH 和温度）下具有活性。其主要作用是催化食品加工过程中各种化学反应，改进食品加工方法。

西方对面包技术的改良催生了酶制剂在谷物上的应用。从 1991 年淀粉酶被烘焙行业所使用至今，国外酶制剂公司先后开发并上市了脂肪酶、木聚糖酶及麦芽糖淀粉酶等多种酶制剂，用于谷物食品加工的各个领域。酶制剂的应用已经从面包烘焙拓展到面粉改良、馒头加工及其他面食制品领域，并因其天然、安全性及明显的使用效果而得到广泛应用。

> **烘焙小贴士**
>
> 小麦面粉中含有面筋蛋白质，其中主要是麦胶蛋白和麦谷蛋白。当面粉加水和成面团的时候，麦胶蛋白和麦谷蛋白按一定规律相结合，构成像海绵一样的网络结构，组成面筋的骨架，其他成分如脂肪、糖类、矿物质等都包藏在面筋骨架的网络之中，这就使得面筋具有弹性和可塑性。蛋白酶不仅能使蛋白质降解，缩短面筋形成时间，而且能够增进香味。

五、改良剂在西点上的应用

1. 蛋糕乳化剂

蛋糕乳化剂（图 3-3-1）又称蛋糕油。它并不是油，而是一种化学合成品，主要成分是单脂肪酸甘油酯和棕榈油，是海绵蛋糕常用的一种乳化剂，在清蛋糕、面包、月饼、饼干及其他产品中也有应用。

（1）工艺性能。海绵蛋糕搅拌过程中，蛋糕油可吸附在空气与液体的界面上，使界面张力降低，接触面积增大，有利于浆料的发泡和泡沫的稳定，从而降低面糊的相对密度，使面糊中的气泡分布均匀，最终使烘焙产品的组织结构更加细腻、松软。蛋糕油的添加量一般是鸡蛋量的 3% ~ 5%。

（2）注意事项。蛋糕油如不充分溶解，会出现沉淀结块现象。添加了蛋糕油的面糊不能长时间搅拌，因为过度的搅拌导致空气拌入太多，反而导致气泡不均匀、不稳定，造成成品体积下陷，组织变成棉花状。蛋糕油一般在蛋液高速搅打之时加入较理想。

2. 塔塔粉

塔塔粉（图 3-3-2），学名酒石酸氢钾，一种酸性白色粉末状物体，主要用途是在分蛋蛋糕中调节蛋白部分的 pH。通常情况下，蛋白是偏碱性的，pH 达到 7.6，而蛋白只有在偏酸的环境下（pH 在 4~5）才能形成稳定的泡沫。所以制作戚风蛋糕时，在蛋白中加入塔塔粉，搅打起发效果好，而且拌入蛋黄部分后，面糊结构稳定，不会出现塌陷等情况。塔塔粉的使用量一般为全蛋量的 0.5%~1.5%，可以与砂糖一起加入。

图 3-3-1 蛋糕乳化剂

图 3-3-2 塔塔粉

塔塔粉在戚风蛋糕中的功能主要有以下三点。

（1）中和蛋白的碱性。

（2）帮助蛋白起发，使泡沫稳定、持久。

（3）增加制品的韧性，使产品更为柔软。

3. 面包改良剂

面包改良剂（图 3-3-3）一般是由乳化剂、氧化剂、酶制剂、强筋剂等组成的复合型食品添加剂，能够使面包柔软、增加烘烤弹性，并有效延缓老化。

图 3-3-3 面包改良剂

（1）使用原因。使用改良剂的面包具有组织细腻、松软可口、营养丰富、容易消化等特点。而未使用改良剂的面包面团弹性强、硬度大、易断裂，发酵时膨胀阻力大、发酵时间长，导致面包体积小、组织紧密、疏松度差、表皮易断裂。

（2）作用效果。

① 使面团具有良好的流动性，提高面团的操作性能和机械加工性能。

② 提高入炉急胀性，使面包形态挺立饱满。

③ 显著增大成品体积。

④ 改善成品内部组织结构，使其均匀、细密且层次好。

图 3-3-1 至
图 3-3-3

⑤ 改善面包制品的口感，使其更加筋道、香甜。

⑥ 提高面包持水性，延缓成品老化，延长货架期。

（3）注意事项。使用时要详细阅读说明书，清楚地了解所选用改良剂的性能、主要作用、主要用途、添加量和使用方法。改良剂的用量要准确，过少达不到使用效果，过多会起副作用。使用方法要得当，如混合不均匀，也达不到使用效果。

> **烘焙小贴士**
>
> 面包改良剂中都有酶制剂，北方冬天寒冷，搅拌面团时，应先加热水后加改良剂。

能力培养

1. 影响蛋糕油使用效果的因素有哪些？
2. 分析塔塔粉在蛋白搅打过程中的作用原理。

任务反思

氧化剂和还原剂在西点制作上的主要区别是什么？

任务 3.4　其他辅助原料

任务目标

知识：1. 了解西点上常用的增稠剂、着色剂、香辛料、调味料。
　　　2. 理解增稠剂的增稠原理。
　　　3. 掌握增稠剂等的使用方法。

能力：1. 能正确、合理地使用增稠剂、着色剂、香辛料、调味料。
　　　2. 懂得使用香辛料、调味料赋予西点制品特殊风味。

知识学习

一、增稠剂

增稠剂是一种食品添加剂，主要用于改善和增加食品的黏稠度或形成凝胶，进而改变食品的物理性状，赋予食品黏润、适宜的口感，保持流态食品、胶冻食品的色、香、味和稳定性。中国目前批准使用的增稠剂有 45 种。增稠剂都是亲水性高分子化合物，也称水溶胶。

按其来源可分为天然增稠剂和化学合成增稠剂两大类。

（一）琼脂

琼脂（图 3-4-1）也称洋菜或洋粉，用石花菜提取物制成的琼脂，是一种重要的海藻植物胶，无色或淡黄色、无固定形状的固体，发脆易碎，溶于热水，遇冷凝固。琼脂使用前须提前用冷水浸泡。

琼脂用于食品中能明显改变食品的品质。其特点是具有凝固性、稳定性，作为增稠剂、凝固剂、悬浮剂、乳化剂、保鲜剂和稳定剂广泛应用于果冻、冰淇淋、冷冻类糕点中。

（二）吉利丁

吉利丁又称明胶、鱼胶，从英文名 gelatin 音译而来，是从动物的骨头（多为牛骨或鱼骨）中提炼出来的胶质，主要成分为蛋白质。由于吉利丁具有受热后熔化、冷却后凝结成固态的可逆性质，并且能够赋予制品光泽与亮度，所以广泛用于慕斯蛋糕、芝士蛋糕、布丁等甜点中。市面上常用的有吉利丁粉与吉利丁片（图 3-4-2）。

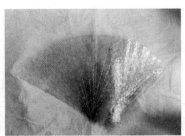

图 3-4-1　琼脂　　　　　图 3-4-2　吉利丁片　　　图 3-4-1，图 3-4-2

使用吉利丁时要注意以下事项：

（1）吉利丁粉熔化的最佳温度范围是 40～80 ℃，温度过高会破坏吉利丁粉的营养成分及结构，无法完全凝结。

（2）吉利丁粉和吉利丁片可以互相替代使用。

（3）使用吉利丁时，一般先用 5 倍的冷水浸泡 10 min，去除表面的腥味，泡软后沥干水分，进行下一步操作。

（4）制作水果慕斯等甜点时，因水果里含有蛋白质消化酶，会破坏吉利丁的凝固作用，所以在选用这类水果或果汁制作果冻、布丁（木瓜、菠萝、猕猴桃等）时需要先烹煮一下。

（5）当把吉利丁泡好后，如果因为一些原因不能马上使用，要把它放进冰箱里，等用的时候再拿出来。

（6）糖、牛奶能增加吉利丁的凝结能力，反之，果汁、葡萄酒、醋、盐等则会降低其凝结能力，所以在使用吉利丁时要注意溶液的成分及酸碱度。

吉利丁粉使用比例见表 3-4-1。

表 3-4-1 吉利丁粉使用比例

配料	比例 /%	每 1 000 g 液体中加吉利丁粉 /g
冷饮	2.5	25
奶酪	3.5	35
布丁	4.5	45
果冻	5.5	55

二、着色剂

着色剂又称食品色素，是赋予食品色泽和改善食品色泽的物质。目前我国允许使用的着色剂有 46 种，按其来源和性质可分为合成着色剂和天然着色剂两类；按溶解性可分为脂溶性着色剂和水溶性着色剂。

（一）天然着色剂

主要是指由动、植物组织中提取的色素，多为植物色素，常用的天然着色剂有辣椒红、红曲红、高粱红、姜黄、栀子黄、胡萝卜素、藻蓝素、可可色素、焦糖色素等。目前，西餐面点行业常将水果汁、蔬菜汁、茶叶粉等用于面团调色。

（二）合成着色剂

合成着色剂的原料主要是化工产品，没有营养价值，超过规定使用量会对人体有害。常见的有胭脂红、苋菜红、日落黄、柠檬黄、靛蓝、亮蓝等。与天然色素相比，合成色素颜色更加鲜艳，不易褪色，且价格较低。

（三）常用着色剂

1. 红曲粉

红曲粉（图 3-4-3）主要用作食品特别是蛋白质含量较高的食品的着色，微溶于水，酒精中溶解性好。使用时按照添加量将红曲粉溶解于水中，再与其他原料混合，这样着色效果更好、更均匀。

2. 姜黄粉

姜黄是一种多年生、有香味的草本植物，既有药用价值，又可作食品调料。姜黄磨成粉即姜黄粉（图 3-4-4），由姜黄粉提取的姜黄色素即姜黄素，是一种天然、无毒的功能型色素。

3. 抹茶粉

抹茶粉（图 3-4-5）是以绿茶为原料，使用茶叶超细粉碎机碾磨成的微粉。抹茶粉在西点上应用很广，可以做抹茶馅心、抹茶蛋糕、抹茶布丁等，使用时需先用水把抹茶粉稀释均匀再与其他原料混合。

图 3-4-3 红曲粉

图 3-4-4 姜黄粉

图 3-4-5 抹茶粉

三、香辛料

香辛料按来源不同，可分为天然香料和人造香料（香精）。天然香料又包括动物性和植物性香料，食品行业使用的主要是植物性香料。

图 3-4-3 至图 3-4-5

（一）天然香料

本书中介绍的天然香料主要是植物性的。植物性香辛料多数取材于植物的种子、花蕾、根部、树皮、叶子等，通常有整块、整粒或粉末几种形态。这些香辛料存放时要密封于阴凉干燥处。

1. 百里香

百里香（图 3-4-6）是一种生长在低海拔地区的芳香草本植物，原产于地中海地区，为欧洲烹饪常用香料，味道辛香。

2. 比萨草

比萨草（图 3-4-7）是比萨里的香料，有特殊浓郁的香味。比萨草是传统香料，是牛至叶的一种，主要用于比萨和意大利面等西餐中，也是制作比萨酱必不可少的一种原料。它最大的作用是能把食物的鲜味释放出来。

3. 迷迭香

迷迭香（图 3-4-8）香味浓烈，略带苦味及甜味，原产于地中海沿岸，目前以南欧种植较多，与百里香搭配使用口味更佳，分为干和湿两种保存方法。

4. 法香

法香产于地中海地区，有浓郁的香草味。法香可以带出其他基本香料和调料的味道，是调味家族中的重要成员，它香味特殊，可以掩饰其他食材中过强的异味，使之变得清香。新鲜的法香叶子常被用来做西餐沙拉配菜、水果以及果菜沙拉的装饰，有时也可以生着食用。

5. 小茴香

小茴香（图 3-4-9）产于南欧和西南亚，味辛、苦，是比萨酱的辅助香料。

图3-4-6 百里香

图3-4-7 比萨草

图3-4-8 迷迭香

图3-4-9 小茴香

图3-4-6 至
图3-4-9

6. 罗勒叶

罗勒稍甜或带点辣味，香味随品种不同而不同，有丁香般的芳香，也有略带薄荷味的。罗勒非常适合与番茄搭配，风味独特，可用做比萨饼、意面酱、番茄汁、淋汁和沙拉的调料。罗勒还可以和牛至、百里香、鼠尾草混合使用，味道醇厚。

7. 鼠尾草

鼠尾草原产于地中海地区，是一种芳香性植物，常绿小型亚灌木。鼠尾草籽常用在蛋糕、面包、比萨中。

8. 香草豆

香草豆荚来源于热带果园，是名贵的天然香料，也是一种天然滋补养颜良药，有"天然香料之王"的美誉，是各类高档糕点、奶油、咖啡、可可、冰淇淋等食品和饮料的配香原料。目前市场常见的是香草豆产品——香草条（图3-4-10）。

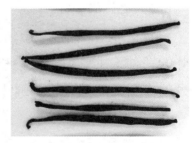

图3-4-10 香草条

（二）香精

香精作为一种可影响食品口感和风味的特殊高倍浓缩添加剂，已经被广泛应用到食品生产的各个领域。食用香精常见的有液体和粉末两种状态，主要有水溶性和油溶性两大类。

1. 香兰素

香兰素（图3-4-11）是人类合成的第一例香精，具有浓郁的奶香及香草豆香，是烘焙行业重要的香料添加剂。香兰素一般可分为甲基香兰素和乙基香兰素。甲基香兰素，白色或微黄色结晶，为西点香料工业中用量最大的品种，是人们普遍喜爱的奶油香草香精的主要成分。乙基香兰素为白色至微黄色针状结晶或结晶性粉末，香气较甲基香兰素更浓，且留香持久。

2. 色香油

色香油（图 3-4-12）是一种带有水果味儿的食用香精，具有水果的颜色，能同时赋予食品艳丽的颜色及浓郁的水果香味儿。

图 3-4-11 香兰素

图 3-4-12 色香油

（三）香辛料的使用方法

使用香辛料时要注意以下三点：

（1）香辛料的添加量应根据产品的特性和香精香料本身的气味强度而定。合成香精的使用量一般不超过 0.1% ~ 0.15%。

（2）防止香辛料与碱性原料直接接触，例如香兰素与小苏打接触后会出现棕红色现象。

（3）香型要协调，使用香精时必须与产品的香型相协调，避免产生让人难以接受的味道。

四、调味料

（一）食盐

食盐作为常用调味料，是人类赖以生存的必需物质。盐的主要化学成分为氯化钠，因为食用过多的氯化钠易造成高血压，所以目前市场上部分食盐添加氯化钾。为了防止碘缺乏，市场上出现了大量的添加了碘的食盐，即碘盐。

1. 食盐在西点中的作用

（1）基本调味。"酸、甜、苦、辣、咸"，咸味是百味之首，食盐的咸味可以很好地刺激人的味觉神经，有了咸味，其他的风味才能显现。咸与甜是互补味，加了食盐的蛋糕等西式点心才更加甜美。

（2）改变发酵速度。发酵产品中，如果盐的含量过低，酵母繁殖的速度会大大提高，面团发酵过快，面筋网络结构受到严重影响，生产的产品组织不均匀，口感粗糙，表面无光泽。相反，如果配方中食盐量过大（超过 1%），产生很强的渗透压，会抑制酵母发酵。因此，在发酵面团类产品中，常通过改变盐的用量来控制面团的发酵速度。

（3）加强面筋结构。盐能使面团内面筋细密，使面筋相互吸附，产生立体网状结构，从而增强面团的韧性、弹性，使面团具有很强的保持气体的能力，使面包组织细密、均匀。

烘焙小贴士

1. 因为盐对酵母的影响，生产中切勿将盐直接与酵母一起水化。

2. 在搅拌面包面团时，宜采用后加盐法，即当面团不再黏附搅拌缸壁时，盐作为最后的原料加入。

---

2. 面包中用盐的注意事项

（1）低筋面粉应增加盐的用量，高筋面粉应减少盐的用量。

（2）如配方中糖、乳粉、蛋、面团改良剂用量较多时，应适当减少盐的用量。

（3）使用硬水须相应地减少盐的用量，用软水则增加盐的用量。

（4）夏季或温度高的地区应增加盐的用量，冬季或温度低的地区应减少盐的用量。

（二）酒类

各种风味酒精类产品是烘焙行业中常用的调味料，包括各类甜酒、烈酒及酒精类饮料，如朗姆酒、白兰地、樱桃酒、各种口味的葡萄酒等。

1. 朗姆酒

朗姆酒（图3-4-13）是以甘蔗糖蜜为原料的一种蒸馏酒，也称为兰姆酒或蓝姆酒，原产地古巴，口感甜润、芬芳馥郁，是甜点常用调味酒。

2. 白兰地

白兰地（图3-4-14）是一种蒸馏酒，以水果为原料，经过发酵、蒸馏、贮藏后酿造而成。

3. 威士忌

威士忌（图3-4-15）是一种只用谷物为原料的蒸馏酒类。

图3-4-13　朗姆酒

图3-4-14　白兰地

图3-4-15　威士忌

4. 力娇酒

力娇酒（图3-4-16）又称利口酒，是一种含酒精的水果酒，是提拉米苏中不可缺少的调味酒。

5. 伏特加

伏特加（图3-4-17）是俄罗斯的国酒，人称"面包酒"，是一种用谷物蒸馏而成的酒（与葡萄酒相对）。伏特加常用在欧式黑面包中，赋予面包特有的风味及色泽。

图 3-4-16　力娇酒

图 3-4-17　伏特加

能力培养

实践项目：认识、识别植物性香料

一、实践准备

百里香、比萨草、迷迭香、法香、小茴香、罗勒叶、鼠尾草、香草豆。

二、实践过程

1. 将 8 种香料编好号码，分别摆放在小碟中。

2. 通过观型、闻香等方法区分这 8 种香料，小组内可以讨论、交流，统一意见，写出每个编号对应的香料种类。

3. 每个小组派代表到前边作答，根据区分出香料种类的多少评比出一、二、三等奖。

4. 趣味竞赛：闻香识料。

每组派一名代表，蒙上眼睛，闻香料，说名称，比一比哪组成绩最好。

任务反思

1. 吉利丁在使用时为什么须提前浸泡？

2. 浸泡吉利丁时有何要求？

任务 3.5　巧克力、果蔬及其他

任务目标

知识：1. 了解巧克力、果蔬及其他常见原料的特性。

2. 理解巧克力等特殊原料的使用方法。

3. 掌握巧克力、果蔬及其他原料在西点上的应用范围。

能力：1. 能正确识别各种果干、果蔬。

2. 熟记巧克力、果蔬等原料使用注意事项。

知识学习

一、巧克力类

（一）巧克力

巧克力是以可可粉为主要原料制成的一种甜食，口感细腻，味道甜美，香气浓郁。纯正的巧克力一定是"只熔在口，不熔在手"。好的巧克力的熔点在 35 ℃左右，入口即化。巧克力应存放在气温 15 ~ 18 ℃、相对湿度 60% 左右的环境中。

1. 巧克力分类

巧克力按其配方中原料油脂的性质和来源不同，可分为天然可可脂巧克力和代可可脂巧克力。天然可可脂巧克力所用原料油脂是从可可豆中榨取的，而代可可脂巧克力所用油脂大部分是由植物油加氢制成的。根据原料及添加成分的不同，可将巧克力分为黑巧克力（图 3-5-1）、白巧克力（图 3-5-2）和牛奶巧克力。

图 3-5-1 黑巧克力

图 3-5-2 白巧克力

2. 熔化巧克力的方法

通常用热水双重锅做熔化器具，用水浴法加热熔化巧克力。巧克力种类不同，水浴温度也有区别，一般黑巧克力水浴温度为 65 ~ 76 ℃，牛奶巧克力水浴温度在 49 ~ 60 ℃。巧克力熔化后，须保持一定的温度，黑巧克力保持在 43 ~ 49 ℃，牛奶巧克力保持在 41 ~ 43 ℃。将巧克力低温熔化并置放，主要目的是为了保持其原有的口味。巧克力常用的熔化方法主要有以下三种。

（1）调温锅熔化法。巧克力切碎后，放入调温锅内熔化，也可留置于保温锅内隔夜，注意保持环境干燥，防止巧克力硬化。密封可短期保存。

（2）隔水加热熔化法（图 3-5-3）。外锅装水后，将切碎的巧克力置于内锅中一起加热，注意外锅的水不可煮沸，避免产生蒸汽，而使内锅中的巧克力受潮。外锅的水温不要超过 80 ℃。

（3）微波炉熔化法。少量（3 kg 以内）的巧克力，可以使用微波炉熔化。将巧克力切得细碎些，放入微波炉内，最小火力微波。每隔一段时间停止加热，将巧克力充分地搅

图 3-5-3 隔水加热熔化法

拌。在整个熔化过程中，须注意温度不可超过 50 ℃，且熔化的过程中，不可将刮刀留在盆内。

3. 巧克力应用

巧克力是西点常用原料，在蛋糕、面包、冰淇淋、甜点等产品中或作为主料之一，或做夹层、表面涂层、装饰点缀；也可单独制成一项艺术品进行展示，或与其他材料结合制成各种口味的巧克力制品。巧克力赋予制品浓郁而优美的香味、华丽的外观品质、细腻润滑的口感和比较丰富的营养。无论哪种用途，都需将巧克力提前熔化。

（二）可可粉

可可粉（图 3-5-4）是由可可豆直接加工处理所得的粉末状物质，具有浓烈的可可香气。普通的可可粉直接添加在蛋糕、饼干中，防潮的可可粉可以装饰在西点制品表面。可可粉营养丰富，含有大量的脂肪、蛋白质和糖类。

图 3-5-4　可可粉

二、粉料类

（一）椰蓉

椰蓉（图 3-5-5）是椰丝和椰粉的混合物，常用作糕点的馅料和装饰料，以增加口味和美化产品。椰蓉本身是白色的，市面上呈诱人的金黄色的椰蓉，是因为在制作过程中添加了黄油、蛋液、白砂糖等，口感更好，口味更浓，营养更丰富。

（二）淀粉

淀粉常用作布丁和西点馅料的增稠剂，主要利用淀粉的特性来改善和增加制品的黏稠度，保持制品色、香、味的稳定性，使制品润滑、适口。

图 3-5-5　椰蓉

淀粉的种类很多，主要有玉米淀粉、葛粉、马铃薯淀粉、绿豆粉、木薯粉、甘薯淀粉、红薯淀粉、麦类淀粉等。

1. 玉米淀粉

玉米淀粉（图 3-5-6）是从玉米粒中提炼出来的淀粉，为白色微黄的颗粒。包括玉米淀粉在内的淀粉类，在中式烹调中主要用于肉类的制嫩及汤汁的勾芡。在糕点制作过程中，有时需要在面粉中掺入一定量的玉米淀粉来降低面粉的筋力。在克林姆酱等派馅中添加玉米淀粉，主要利用其凝胶作用。

2. 葛粉

葛粉（图 3-5-7）是多年生植物"葛"的地下茎做成的，和玉米淀粉的作用类似，但是玉米淀粉需在较高的温度下才会使汤汁呈现浓稠状，而葛粉却恰恰相反。因此，像含有蛋液的美式布丁，因温度较高时蛋容易结块，这类产品就需使用葛粉作为增稠剂。

（三）吉士粉

吉士粉（图 3-5-8）是一种浅黄色或浅橙黄色，具有浓郁奶香味和果香味的粉末状物质，主要成分有疏松剂、稳定剂、食用香精、食用色素、奶粉、淀粉等。吉士粉在西餐中适用于软、香、滑的冷热甜点（如蛋糕、布丁、面包、蛋挞），主要取其特殊的香味，是一种较为理想的食品香料粉。

图 3-5-6 玉米淀粉　　　　图 3-5-7 葛粉　　　　图 3-5-8 吉士粉

（四）预拌粉

预拌粉是厂家将众多复杂的食品原材料，按一定的配方比例，以科学的方式预先混合调配而成的一种半成品。目的是使车间生产人员简化操作程序，同时确保产品质量的稳定性，减少失败率。

目前，市场上常见的烘焙预拌粉有蛋糕预拌粉、面包预拌粉、提拉米苏预拌粉、玛芬预拌粉、麻薯预拌粉、杂粮预拌粉等。

三、果料类

（一）果干类

果干类是新鲜果实经自然晾晒或人工干制而成，干制后保留果实的原有风味和营养物质，降低水分含量。几乎所有果干食材都可放在糕点中，是糕点增香提色的最佳材料。一些用果干制成的果酱、调料也被广泛应用于西餐面点中。

1. 蔓越莓干

蔓越莓又称蔓越橘、小红莓，是一种表皮鲜红、生长在矮藤上的浆果。蔓越莓干（图 3-5-9）保留了蔓越莓 90% 的营养物质，口感接近蔓越莓果。蔓越莓饼干美味而又营养。

2. 红枣干

红枣含有蛋白质、脂肪、糖类、有机酸、维生素 A、维生素 C、微量钙及多种氨基酸等营养成分。经过自然晾晒或人工干制

图 3-5-9 蔓越莓干

的红枣干（图 3-5-10）甜润、有营养，维生素 C 和糖的含量都很高，应用在糕点中既可丰富品种，又可增加营养。

图 3-5-10　红枣干

3. 葡萄干

葡萄干（图 3-5-11）是在日光下晒干或在阴影下晾干的葡萄果实。葡萄干内含大量葡萄糖、多种矿物质、维生素和氨基酸，对神经衰弱和过度疲劳者有补益作用，常用在面包等西点制品中。

4. 西梅干

西梅也称为加州梅，又称欧洲李，芳香甜美，口感润滑，具有甘草的芳香，食用西梅干有利于肠道健康（图 3-5-12）。

图 3-5-11　葡萄干

图 3-5-12　西梅干

图 3-5-9 至
图 3-5-12

（二）坚果类

坚果，果皮坚硬，内含种子。坚果营养丰富，主要含有蛋白质、油脂、矿物质、维生素等物质，对人体的生长发育、疾病预防都有极好的功效。坚果应用在西点中，增加营养的同时，还能赋予制品浓香的果仁味道。

1. 核桃

核桃（图 3-5-13）又称胡桃、羌桃，与扁桃、腰果、榛子并称为世界著名的"四大干果"。核桃仁含有人体必需的钙、磷、铁等多种微量元素，可强健大脑，深受老百姓喜爱，被誉为"万岁子""长寿果"。核桃仁是干点的常用原料。

2. 开心果

开心果（图 3-5-14）又名阿月浑子、无名子，富含维生素、矿物质和抗氧化元素，对人体极为有益。

图 3-5-13　核桃

图 3-5-14　开心果

3. 杏仁

杏仁，扁平卵形，一端圆，另一端尖，覆有褐色的薄皮。杏仁分为甜杏仁及苦杏仁两种，苦杏仁多为药用。甜杏仁（图3-5-15）味道微甜、细腻，加工成片或粉，可作为原料添加到蛋糕、曲奇等西点中，也可用于面包增香提色及装饰。

4. 腰果

腰果（图3-5-16）又名鸡腰果、介寿果，坚硬的果壳里面包着种仁，味甘甜如蜜，营养价值高，为世界著名四大干果之一。

图3-5-15　甜杏仁　　　　图3-5-16　腰果　　　　图3-5-13至
图3-5-16

5. 芝麻

芝麻又名脂麻、胡麻，是胡麻的种子，有黑白之分，黑者称黑芝麻，白者称白芝麻（图3-5-17）。芝麻具有气味醇香、营养丰富等特点。芝麻在蛋糕、面包、饼干中均有应用，也可加工成西点馅料。

6. 花生

花生（图3-5-18）原名落花生，又名长生果，有促进人脑细胞发育、增强记忆的作用。花生果仁中提取的油脂色透明、淡黄色、味芳香，是优质食用油之一。花生在西点中既可作为主料，也可作为馅料。

7. 葵花籽

葵花籽（图3-5-19）即向日葵的果实，营养丰富，味道可口，在烘焙制品中应用广泛，是风味饼干、蛋糕、面包不可或缺的材料。

图3-5-17　白芝麻　　　　图3-5-18　花生　　　　图3-5-19　葵花籽

8. 栗子

栗子正名为栗，生于壳斗中，俗称栗子，素有"干果之王"的美誉。栗子属于高淀粉含量的坚果，香甜味美、营养丰富，是西点馅料的最佳选择。

（三）水果类

新鲜的水果富含营养物质，有降血压、延缓衰老、减肥瘦身、皮肤保养、明目、抗癌、降低胆固醇、助消化等功效，广泛应用在蛋糕、挞、派、比萨、布丁等西点产品中，可提升价值、丰富品种。

1. 苹果

苹果（图 3-5-20）是常见水果之一，味甜，口感爽脆，富含营养，为世界四大水果之冠。

2. 柑橘

柑橘（图 3-5-21）是橘、柑、橙、金柑、柚等的总称，柑橘类水果中已分离出 30 余种保健物质，有提供营养、消炎抑菌、抑制肿瘤等作用，是极佳的保健水果之一。

图 3-5-20 苹果

图 3-5-21 柑橘

图 3-5-17 至
图 3-5-21

3. 草莓

草莓（图 3-5-22）是一种红色的花果，又名凤梨草莓、红莓、洋莓等，外观呈心形，鲜美红嫩，果肉多汁，含有特殊的芳香。

4. 火龙果

火龙果（图 3-5-23）又名红龙果、龙珠果，质地柔和、口味清香，常用于装饰蛋糕及甜点。

图 3-5-22 草莓

图 3-5-23 火龙果

5. 杧果

杧果（图 3-5-24）又名芒果，是著名的热带水果，成熟时呈黄色，肉质肥厚，味甜，是少见的类胡萝卜素成分很高的水果。

6. 猕猴桃

猕猴桃（图 3-5-25）又名羊桃、奇异果、麻藤果等，具有"果形美观、香气浓郁、酸甜爽口、风味独特、营养丰富"等特点，深受广大消费者喜爱。

图 3-5-24　杧果　　　　图 3-5-25　猕猴桃　　　图 3-5-22 至
图 3-5-25

7. 香蕉

香蕉（图 3-5-26）含有丰富的淀粉质，可清热润肠、助消化，含钾量丰富，可促进细胞及组织生长。

8. 榴梿

榴梿（图 3-5-27）又名麝香猫果，热带水果之王，营养极为丰富，果肉淡黄，黏滑多汁，酥软味甜，吃起来有陈乳酪和洋葱味。

图 3-5-26　香蕉　　　　　图 3-5-27　榴梿

9. 柠檬

柠檬（图 3-5-28）皮厚色黄，营养丰富，果汁甚酸，含特有柠檬香气。柠檬是一种药用价值很高的水果，有预防疾病、延缓衰老的作用。柠檬能够增香提味，是蛋白的稳定剂。

10. 菠萝

菠萝（图 3-5-29），著名热带水果，肉色金黄，香味浓郁，甜酸适口，清脆多汁。罐头中的菠萝因能保持原来风味而受到广泛喜爱，加工制品菠萝罐头被誉为"国际性果品罐头"。菠萝是水果蛋糕、比萨、布丁等制品不可或缺的辅料。

11. 樱桃

樱桃（图 3-5-30）又名车厘子，果实鲜艳、晶莹水润，富含多种营养元素，铁的含量居水果之首。

图 3-5-28　柠檬

图 3-5-29　菠萝

图 3-5-30　樱桃

图 3-5-26 至
图 3-5-30

四、豆类

1. 红豆及其产品

红豆（图 3-5-31）又名赤豆、赤小豆，豆粒紧密、色紫或赤者为佳，需要泡水煮熟后使用，是西点常用原料。

红豆沙（图 3-5-32）是红豆煮熟后加糖熬制（炒制）而成，是西点常用馅料。红豆沙可以清热解毒、健脾益胃、利尿消肿、通气除烦。

蜜红豆为红豆泡水后加糖熬制而成。

图 3-5-31　红豆

2. 绿豆及其产品

绿豆（图 3-5-33）又名青小豆，豆粒质地较硬、富含淀粉。

图 3-5-32　红豆沙

图 3-5-33　绿豆

绿豆沙是绿豆泡水后加糖炒制而成。在亚洲，绿豆及其制品近些年被越来越多地应用于烘焙食品中，特别是绿豆沙，作为烘焙食物的百搭馅料深受人们喜爱。

五、蔬菜类

蔬菜是可烹饪为食品的植物或菌类的总称，是人们日常饮食必不可少的食物，提供人体必需的多种维生素和矿物质。

随着生产工艺的提高，蔬菜不只是菜肴的主要原材料，在面点师们的手中，还是面包、蛋糕、比萨等烘焙食品的重要组成部分。蔬菜类原料的大量使用，不仅丰富了烘焙产品品种、提高了营养价值，还改变了人们的饮食方式。

1. 番茄

番茄（图 3-5-34）别名西红柿、洋柿子，浆果扁球状或近球状，肉质多汁，橘黄色或鲜红色。由番茄制成的番茄酱、番茄汁等是西餐重要的佐料。

2. 胡萝卜

胡萝卜（图 3-5-35）质脆味美、营养丰富，能增强人体免疫力，有地下"小人参"之称。胡萝卜特有的颜色和气味，改善了西点产品的色泽和风味。

图 3-5-34　番茄　　　　　图 3-5-35　胡萝卜　　　　图 3-5-33 至
图 3-5-35

3. 彩椒

彩椒（图 3-5-36）又称柿子椒，有红色、黄色和绿色等颜色，不辣、肉厚，主要用于比萨的馅料中。

4. 洋葱

洋葱（图 3-5-37）别名圆葱、葱头、荷兰葱、皮牙子等，有降血脂、降血压、抗衰老、预防骨质疏松等作用，主要用于制作西餐的各种酱料。

图 3-5-36　彩椒　　　　　　图 3-5-37　洋葱

5. 法香

法香别称荷兰芹，叶片具有辛香味，多用作西点调料和装饰料。

6. 青豆

青豆（图 3-5-38）指种皮为青绿色的大豆，营养价值极高，主要用于比萨的馅料中，提高营养价值，增进食欲。

7. 食用菌

食用菌（图 3-5-39）是可供人类食用的大型真菌。食用菌集中了食品的一切良好特性，味道鲜美，营养价值达到植物性食品的顶峰，被称为"上帝食品""长寿食品"，主要用于比萨的馅料中。

8. 玉米

玉米（图 3-5-40）俗称棒子、苞米、苞谷，品种繁多。玉米因高营养、低价格而成为世界各国通用食物，主要在比萨上应用较多。

图 3-5-38　青豆　　　　　图 3-5-39　食用菌　　　　　图 3-5-40　玉米　　　　图 3-5-36 至图 3-5-40

9. 南瓜

南瓜（图 3-5-41）的营养价值极高，具有解毒、助消化、防治糖尿病、消除致癌物质、促进生长发育等功效。南瓜面包已成为广受欢迎的保健食品。

10. 芋头

芋头（图 3-5-42）又名芋艿，口感细软，绵甜香糯，是一种很好的碱性食品。芋头粉在蛋糕、面包生产上都有应用。

图 3-5-41　南瓜　　　　　　　　　图 3-5-42　芋头

11. 红薯

红薯（图 3-5-43）原名番薯，又称地瓜、山芋等，含有多种活性物质，被誉为"长寿食品"。

12. 紫薯

紫薯（图 3-5-44）又称黑薯，薯肉呈紫色至深紫色，富含硒元素和花青素，有预防高血压、减轻肝机能障碍、抗癌等功效。紫薯粉在西点中被广泛应用。

13. 西生菜

西生菜（图 3-5-45）又名球生菜、圆生菜，组织柔嫩，清淡爽口，是汉堡包、三明治必备原料。

14. 紫甘蓝

紫甘蓝（图 3-5-46）也称紫圆白菜，叶片紫红，叶球近圆形，营养丰富。

图 3-5-43 红薯　　　　　　　　　图 3-5-44 紫薯

图 3-5-45 西生菜　　　　　　　　图 3-5-46 紫甘蓝　　　　　图 3-5-41 至
　　　　　　　　　　　　　　　　　　　　　　　　　　　　　　图 3-5-46

六、海产品、肉类

1. 海苔

海苔（图 3-5-47）由紫菜经过调味处理后烤制而成，味道鲜美，无公害，是天然的增鲜剂。

2. 海虾

海虾（图 3-5-48）口味鲜美，营养丰富，肉质松软、易消化。海虾具有很高的食疗价值，在比萨等烘焙食品中应用广泛。

3. 肉

肉（图 3-5-49）属于动物性原料，营养成分均衡，常做成馅料用在料理面包中。

图 3-5-47 海苔　　　　　　图 3-5-48 海虾　　　　　　图 3-5-49 肉

4. 火腿肠

火腿肠（图 3-5-50）以畜禽肉为主要原料，辅以淀粉、植物蛋白粉等，再加入调味品等加工而成。火腿肠肉质细腻、鲜嫩爽口、携带方便，是"热狗"的主要原料。

5. 肉松

肉松（图 3-5-51）或称肉绒、肉酥，是将肉煮烂后揉搓成绒状或粉状脱水而成，因其营养丰富、易消化、味道鲜美而被应用在面包等西点制品中。

图 3-5-50　火腿肠

图 3-5-51　肉松

图 3-5-47 至
图 3-5-51

七、酱料类

酱料类主要包括千岛酱、沙拉酱、卡仕达酱、番茄沙司及各种果酱等，常用作西点的馅料及装饰料。

能力培养

实践项目：隔水加热熔化巧克力

一、实践准备

1. 锅、小盆、量杯、温度计、电磁炉等。
2. 碎巧克力少量。

二、实践过程

锅内加入适量的水，在电磁炉上加热，将切碎的巧克力放到小盆中，将小盆放到锅中，使巧克力隔水受热，熔化。注意锅内水不可过多，水温不要超过 80 ℃。

三、实践结果

将自己的收获和体会写在下面。

任务反思

蔬菜、海鲜、水果等原料该如何存放？

项目小结

项目 3 知识点小结见表 3–1。

表 3–1 项目小结表

任务		知识学习	能力培养
3.1	食品添加剂概述	食品添加剂的概念 食品添加剂使用原则 食品添加剂选购要求 食品添加剂的作用 食品添加剂使用注意事项	考察市场上食品添加剂的包装标志，记录下哪些产品是符合要求的
3.2	膨松剂	膨松剂的作用 食品膨松的方法 生物膨松剂 化学膨松剂	测试温度对酵母产气能力和产气时间的影响
3.3	改良剂	氧化剂 还原剂 乳化剂 酶制剂 改良剂在西点上的应用	了解影响蛋糕油使用效果的因素。掌握塔塔粉在蛋白搅打过程中的作用原理
3.4	其他辅助原料	增稠剂：琼脂、吉利丁 着色剂：天然着色剂、合成着色剂 香辛料：天然香料、香精 调味料：食盐、酒类	认识、识别植物性香料，掌握其使用方法
3.5	巧克力、果蔬及其他	巧克力类 粉料类 果料类 豆类 蔬菜类 海产品 肉类 酱料类	隔水加热熔化巧克力

项　目　测　试

一、名词解释

1. 食品添加剂：_____

2. 膨松剂：_____

3. 物理膨松法：_____

4. 酵母：_____

5. 产气后劲：_____

6. 改良剂：_____

7. 乳化剂：_____

8. 面包改良剂：_____

9. 吉利丁：_____

10. 塔塔粉：_____

二、选择题

1. 物理膨松法在西点生产中的形式主要有（　　　）。

A. 以油脂作为膨松介质　　　　　　　　B. 以蛋液作为膨松介质

C. 以水蒸气作为膨胀介质　　　　　　　D. 以气作为膨松介质

2. 面包酵母具体可分为（　　　）。

A. 压榨鲜酵母　　　B. 活性干酵母　　　C. 快速活性干酵母　　　D. 即发干酵母

3. 化学膨松剂是指通过化学反应产生气体的化合物，常用的有（　　　）。

A. 苏打粉　　　　　B. 碳酸氢氨　　　　C. 泡打粉　　　　　　D. 大起子

4. 具有表面活性和可食用性，能有效降低液相间的界面张力，使互不相溶的液体互相乳化，形成稳定的有机化合物的是（　　　）。

A. 氧化剂　　　　　B. 还原剂　　　　　C. 改良剂　　　　　　D. 乳化剂

5. 利用酵母的生物特性膨松制品的方法属于（　　　）。

A. 物理膨松法　　　B. 化学膨松法　　　C. 生物膨松法　　　　D. 自然膨松法

6. 用于改善和增加食品黏稠度或形成凝胶，从而改变食品的物理性状的是（　　　）。

A. 乳化剂　　　　　B. 氧化剂　　　　　C. 增稠剂　　　　　　D. 还原剂

7. 酵母在面团中的作用有（　　　）。

A. 涨发面团　　　　B. 赋予发酵风味　　C. 增加面筋　　　　　D. 增加营养

8. 根据发酵反应速度快慢，泡打粉可分为（　　　）。

A. 快速泡打粉　　　B. 慢速泡打粉　　　C. 复合型泡打粉　　　D. 无铝泡打粉

9. 它不是油，而是一种化学合成品，主要成分是单酸甘油酯和棕榈油，这种物质是（   ）。

A. 起酥油　　　　　B. 麦淇淋　　　　　C. 蛋糕油　　　　　D. 奶油

10. 主要用途是在分蛋蛋糕中调节蛋白部分的 pH 的添加剂是（   ）。

A. 蛋糕油　　　　　B. 泡打粉　　　　　C. 塔塔粉　　　　　D. 碳酸氢铵

三、判断题

（　　）1. 生产实训室可以用普通的计量工具称量食品添加剂，绝不能超过规定的使用量。

（　　）2. 食品添加剂需设有专柜、专架，定位存放，不得与其他原料或食物混放。

（　　）3. 蛋白只有在偏酸的环境下（pH 在 4~5）时才能形成稳定的泡沫。

（　　）4. 酵母对温度的变化最敏感，使用时可先用 10 ℃左右的温水将酵母溶解活化。

（　　）5. 酵母在面团中发酵，除了产生气体外，还产生了醇类、醛类、酯类等物质。

（　　）6. 吉利丁粉和吉利丁片不能互相替代使用。

（　　）7. 食品加工中使用的添加剂必须是列入《食品安全国家标准　食品添加剂使用标准》（GB 2760—2014）的品种。

（　　）8. 配方中糖、盐、鸡蛋、油脂用量多时，应减少酵母用量；反之增加。

（　　）9. 发酵次数越多，酵母用量越多，反之越少；快速发酵法用量最少，两次发酵法用量最多。

（　　）10. 添加了蛋糕油的面糊可以长时间搅拌。

项目 **4**

蛋糕制作工艺

蛋糕是美食的艺术、是灵感的再现。烘焙师扎实的功底在蛋糕的色、香、味、型、质上得到了淋漓尽致的发挥。从粗糙干硬的清蛋糕到松软可口的戚风蛋糕、色彩艳丽的装饰蛋糕，追求精致时尚、崇尚自然健康成为烘焙行业发展的新方向。

乳沫蛋糕、面糊蛋糕、戚风蛋糕是西餐面点常见蛋糕品种，"无糕不成点"，走进蛋糕的世界，理解烘焙原理，熟知制作工艺。

任务 4.1 蛋 糕 基 础

任务目标

知识：1. 认识蛋糕，了解蛋糕配方平衡知识。

2. 熟悉蛋糕的类别及其特点。

3. 掌握面糊蛋糕、乳沫蛋糕、戚风蛋糕制作的工艺及要领。

能力：1. 能正确挑选不同种类的蛋糕原料。

2. 对蛋糕制作过程中的不当操作及成品出现的质量问题，做出正确的判断与分析，给出合理化的补救或改进意见。

知识学习

蛋糕是以鸡蛋、面粉、糖、油脂为主料，以水果、奶酪、巧克力、果仁等为辅料，经过加工、混合、装模、烘烤（或冷冻）等一系列工序制成的组织松软、富有弹性的一类点心。

一、蛋糕的特点

蛋糕具有以下特点：

（1）组织细腻，口感松软。

（2）营养丰富，造型各异。

（3）品种繁多，应用广泛。

二、蛋糕的膨胀原理

依靠蛋白质或黄油的充气性，蛋糕得以膨胀起发。在机械的高速搅拌作用下，大量的气体被混入坯料中，成熟时由于烤箱内热传导与热辐射等作用，蛋糕内气体受热膨胀，糕体增大，组织多孔，口感松软。

1. 蛋白质的膨胀作用

当蛋液受到急速而连续的搅打时，周围的空气被动地混入，形成细小气泡，这些小气泡因蛋白膜的包裹而不外溢。伴随着搅拌的继续，蛋液内充进的气体越来越多（图 4-1-1）。烘烤时，蛋面糊受热，内部气体不断膨胀，因蛋白质胶体的韧性使气泡不至于破裂，蛋糕体积得以膨大。

> **烘焙小贴士**
>
> 蛋液搅打程度对蛋糕质量影响很大，蛋白质保持气体的最佳状态是在呈现最大体积之前。

2. 黄油的膨松作用

制作奶油蛋糕时，黄油在搅拌过程中得以松发，同时大量的气体充入黄油中，随着蛋液和面粉的加入，气泡逐渐均匀而稳定（图 4-1-2）。烘烤时，面糊内气泡受热膨胀，使蛋糕体积增大、质地松软，形成油脂蛋糕特有的口感。

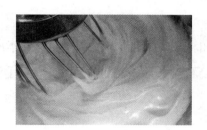

图 4-1-1 蛋白打发

图 4-1-2 黄油打发

三、蛋糕的分类

根据所用原料和制作工艺的不同，蛋糕可分为乳沫蛋糕、面糊蛋糕、戚风蛋糕和装饰蛋糕四大类。

1. 乳沫蛋糕

乳沫蛋糕的基础材料包括鸡蛋、糖和面粉，借助全蛋（或蛋清）和糖的打发，拌入大量空气，烘烤后形成膨胀松软的糕体，英语称作"foam cake"。海绵蛋糕、天使蛋糕均属于乳沫蛋糕类。

海绵蛋糕，因内部组织有很多孔洞，似海绵一样柔软，所以称海绵蛋糕，国外称乳沫蛋糕。海绵蛋糕分全蛋海绵蛋糕和分蛋海绵蛋糕（法国海绵蛋糕）两种。全蛋海绵蛋糕是由全蛋打发后加入面粉制作而成。分蛋海绵蛋糕是蛋清和蛋黄分开打发，再与面粉等原料混合制作而成。

天使蛋糕最大特点是制作过程中不允许有一滴油脂，连鸡蛋中的蛋黄也要去掉，完全利用蛋白质的充气性使糕体蓬松，成品绵软雪白，故称天使蛋糕（图 4-1-3）。

2. 面糊蛋糕

面糊蛋糕用料为全蛋、糖、面粉、油脂等，利用油脂与糖的打发，充入大量气体，然后与蛋、面粉等原料搅打成均匀的面糊即可，重油蛋糕是面糊蛋糕的代表品种。

面糊蛋糕根据油脂的添加量不同，可分为重油蛋糕和轻油蛋糕。

重油蛋糕，又称磅蛋糕，布朗尼蛋糕是典型的重油蛋糕（图 4-1-4）。

图 4-1-3 天使蛋糕

图 4-1-4 重油蛋糕

轻油蛋糕，油脂用量最低 30%，最高 60%。泡打粉或小苏打用量最低 4%，最高 6%。糕体松软，颗粒粗糙，高温（180～220 ℃）烘烤成熟。

3. 戚风蛋糕

戚风蛋糕，蛋清和蛋黄分开搅打，形成乳沫和面糊两种糕体，再将两种糕体混合，烘烤而成。戚风蛋糕具有水分含量高、组织细腻、口感松软、气味香甜等特点，也有学者将其归类为分蛋海绵蛋糕（图 4-1-5）。

4. 装饰蛋糕

装饰蛋糕是在蛋糕底坯的基础上进行组装、点缀、装饰，形成口味、样式、品种极为丰富的风味蛋糕的总称。最常见的装饰蛋糕有小型的甜点和大型的裱花蛋糕，包括各种婚礼蛋糕、生日蛋糕等（图 4-1-6）。

图 4-1-5 戚风蛋糕

图 4-1-6 装饰蛋糕

四、蛋糕配方平衡

出于改善蛋糕品质或降低产品成本等原因，生产中有时需要改变蛋糕的配方，我们称这种限度内的改变为"配方平衡"。随着新原料与新工艺的不断问世，一直以来证明很好的蛋糕平衡规律可能被打破或失效，烘焙师们应以开放的思想，大胆尝试，推陈出新。

为了更好地研究蛋糕配方平衡，我们依据材料的功能将其分为四类：韧性材料、软性材料、干性材料和湿性材料。配方平衡就是要让韧性材料和软性材料平衡，干性材料和湿性材料平衡。

韧性材料，构成蛋糕的结构，主要有面粉、鸡蛋等。

软性材料，软化蛋糕质地，主要有糖、油脂、化学膨松剂等。

干性材料，吸收水分，包括面粉、抹茶粉、可可粉、奶粉等粉末性原料。

湿性材料，维持水分，包括水、牛奶、糖浆、鸡蛋等液体材料。

了解蛋糕配方平衡的一些知识，对初学者来说，将有助于对蛋糕工艺的理解；对有经验的烘焙师而言，将有助于改善蛋糕的配方及工艺。

五、蛋糕工艺

蛋糕制作工艺的主体基本一致，具体到各个品种，因配方、用料不同，搅拌工艺、投料顺序各有差异。

蛋糕制作工艺基本流程如下：

原料称量→搅拌→装模→烘烤→装饰、包装。

（一）原料的选择及处理

所有原料须确保在保质期内。鸡蛋必须新鲜完整，使用前要清洗干净。西点一般采用低筋面粉或蛋糕专用粉，不得使用受潮或结块的面粉，粉质原料要求过筛。根据制品要求，选择细砂糖或糖粉，要求松散不发黏，更不能结块。所有原料必须按配方准确称量。

> **烘焙小贴士**
> 使用电子秤、量杯、量匙，准确称量所需原料。

（二）搅拌方法

目前，烘焙行业流行的搅拌方法有油类搅拌法、蛋糖搅拌法和乳化法，无论采用哪种方法，搅打面糊时都应使用球形搅拌桨。

搅拌面糊时须注意以下问题：

（1）需要单独搅打蛋白时，切记搅拌工具及容器不能沾水和油，否则将降低蛋白质的充气性和黏稠性。

（2）海绵蛋糕等西点品种，制作后期需添加水和油，一定要让水或油成细流状缓缓加入，防止浆液稀释过快，气泡结构被破坏，制品体积及组织受到影响。

（3）严格控制搅拌温度。一般全蛋搅拌的适宜温度为 25 ℃，蛋白搅拌的适宜温度为 22 ℃。温度过高或过低都会影响蛋液充入气体和保持气体的能力。黄油的搅拌温度应控制在 25 ℃左右，温度过低黄油易凝固，黏附缸壁，充气效果差，产品膨松效果不好；温度过高，黄油将熔化为液体，失去乳化性，几乎不能充入气体或充入的气体量很少，严重影响产品质量。

（4）不同原料、不同工艺的蛋糕搅拌时间各不相同，每种蛋糕都有自己的最佳搅拌时间。搅拌时间过长，已有的气泡结构将被破坏；搅拌时间过短，充入的气体量将会很少且结构不合理，两种情况都会影响产品质量。

（5）投料的顺序和时机。搅拌过程中必须按品种要求的投料顺序投放原料，把握好投料的最佳时机。

（三）烤模准备

在蛋液搅拌完成之前，将烤盘准备好，这样当面糊搅拌完成后可立即装盘，避免久置后糕体消泡等情况发生。

如果蛋糕黏附在烤盘或模具上，成熟后很难脱模。为了避免这种现象发生，在保持烤盘清洁的前提下，可进行如下操作。

1. 烤盘喷油

对于重油蛋糕来说，烤盘必须抹油，最好使用专业的油喷对烤盘均匀喷涂，也可以用一小块软化的黄油在烤盘底部及四周均匀涂抹，或用油刷在烤盘内均匀涂抹色拉油（图 4-1-7）。对于含有少量油脂或不含油脂的海绵蛋糕来说，仅需在烤盘底部涂抹油脂即可，盘壁不需涂油。

2. 烤模撒粉

将少许高筋面粉撒在涂油的烤模内，转动烤模，让面粉均匀分布在烤模的四周及底部，然后将多余的面粉倒出（图 4-1-8）。制作天使蛋糕或戚风蛋糕时，最好使用中央凸起的环状烤模，烤模内壁切勿抹油或撒粉，这样烘焙过程中糕体可以攀附到盘壁上，蛋糕膨起时不易塌陷。

3. 烤盘、烤模铺纸

在制作片状蛋糕或模具蛋糕时，烤盘或模具底部需铺上涂过油的烘焙纸（图 4-1-9）。

图 4-1-7　烤盘刷油

图 4-1-8　烤模撒粉

图 4-1-9　烤盘铺纸

（四）装模要求

蛋糕的成形一般都是借助模具完成的，原料调搅均匀后，一般应立即灌模，从搅拌到入模时间最好控制在 15 min 之内。

蛋糕的膨胀度随蛋、糖、面粉的比例不同而不同，装模时一般填充模具的五到七分满即可，注意烤模四个角的料要均匀。实际操作中，装模容量恰到好处时，成熟后糕体刚好充满烤盘、不外溢。灌模要求在 2 min 之内完成。

（五）烘烤

烘烤是蛋糕制作的关键环节，蛋糕在烤箱内通过辐射、传导、对流等作用获得热量并最终成熟。烤箱种类、烘烤温度和时间对蛋糕质量均有很大影响。

1. 烘烤温度和时间

烘烤的温度和时间与产品品种、体积大小和糕体厚薄有直接关系，一般应遵循表 4-1-1 原则。

表 4-1-1　烘烤温度与时间

烘烤原则	说明
高温短时法	适用于薄坯蛋糕，如各种卷筒蛋糕，一般烤箱温度 230 ℃左右，烘烤时间 10 min 左右
中温中时法	适用于海绵蛋糕、戚风蛋糕等，一般烤箱温度 200～220 ℃，烘烤时间 30 min 左右
低温长时法	适用于奶油蛋糕、厚坯蛋糕等，一般烤箱温度 160～180 ℃，烘烤时间 45 min 左右

2. 烘烤的基本要求和注意事项

（1）使用前检查烤箱是否清洁、运转是否正常。在蛋糕即将烘烤前 10 min 开启烤箱，提前预热，这样糕体进入烤箱时温度适宜，烘焙效果最好。

（2）烤盘或烤模进入烤箱时放置要合理，尽可能摆放在烤箱中心位置，不可摆放过密或紧靠烤箱边缘，更不能重叠码放，摆放后应能使热气流沿着每一个烤盘自由地循环流动，否则制品受热不匀，成品色泽和质量都会受到影响。

（3）制品进入烤箱后，在烘烤的前段时间不可开关烤箱门，在烘烤后期，如若需要调换烤盘位置，需要轻拿轻放，保持模具水平。

（4）蛋糕出炉后，尤其是戚风蛋糕，为防止糕体收缩过大，最好的做法是趁热将蛋糕放置在散热架上。同时为了保持制品的美观，应在充分冷却后再进行下一道工序。

（5）初学者在制品成熟时应守候在烤箱旁，如若遇到情况，能够第一时间处理补救。

3. 检验蛋糕是否成熟的方法

检验蛋糕成熟与否的方法包括看、摸、插（图 4-1-10）。

图 4-1-10　检验方法（看、摸、插）

看：观察蛋糕表面的颜色是否达到棕红色，糕体四周是否已经脱离模具，顶部是否完全隆起。

摸：用手在蛋糕上轻轻一按，松手后可复原，表示已烤熟；不能复原或复原很慢，则表示还没有烤熟。

插：用一根细的竹扦插入糕体最厚部位，然后拔出，若竹扦光滑，表示蛋糕已熟透；若竹扦上沾有颗粒或蛋糊，则表示蛋糕还没熟。如没有熟透，需继续烘烤，直到烤熟为止。

（六）蛋糕出炉处理

如检验发现蛋糕已熟透，应立即从炉中取出，轻震烤盘散发热气，有的蛋糕需要趁热脱模，然后将糕体放在蛋糕架上，正面朝下，使之冷透。有的蛋糕则要带模放到散热架上，待糕体冷却后再脱模。

蛋糕冷却有两种方法，一种是自然冷却，冷却时应尽量减少搬动，制品与制品之间应保持一定的距离，不宜叠放。另一种是风冷，风冷时不应直接吹风，防止制品表面失水。为了保持制品的新鲜度，冷却后的蛋糕可放在 2～10 ℃的冰箱里冷藏。

（七）蛋糕装饰

蛋糕通过点缀与装饰可增加风味、提高营养，在增进食欲的同时，还能给人们带来视觉上的享受。这些装饰和点缀常用在各种夹心蛋糕、卷筒蛋糕（图 4-1-11）、欧式蛋糕（图 4-1-12）、水果蛋糕、生日蛋糕（图 4-1-13）等诸多蛋糕品种上。

图 4-1-11　卷筒蛋糕　　　　图 4-1-12　巧克力欧式蛋糕　　　图 4-1-13　生日蛋糕

蛋糕装饰材料按用途可分为两大类，即表面涂抹或夹心的软质材料和进行造型点缀用的硬质材料。选择装饰材料时，应遵循色彩搭配和谐、美观与食用结合的原则。

常用的装饰材料有：

（1）奶油制品，包括植脂鲜奶油、动物脂奶油等。

（2）巧克力制品，包括奶油巧克力、翻糖巧克力、巧克力碎片、各种造型巧克力等。

（3）糖制品，包括糖粉、糖浆、装饰糖花等。

（4）新鲜水果及罐头，包括草莓、菠萝、奇异果、苹果、葡萄、黄桃鲜果或罐头等。

（5）其他装饰料，包括各种果冻、果膏、果仁等。

（八）成形、包装

卷筒类、夹心类蛋糕在糕体成熟后需要夹心、卷制、切割、包装等操作来完成最后的成形。

> **职业好习惯**
>
> 包装人员接触半成品、成品，必须戴一次性手套、口罩，切割刀等工具使用前后都应放在沸水中浸煮一下，防止细菌滋生。

包装时要按产品包装要求进行，轻拿轻放，避免挤、压、堆等不当操作使产品变形。外包装上产品名称、数字标示清楚准确。

能力培养

实践项目：影响蛋糕质量的因素

从原料、配方、搅拌、烘烤等几方面分析影响蛋糕质量的因素。

一、实践过程

1. 整理学习笔记。

2. 上网查找资料，分析整理。

3. 到企业去考察，获得实践经验，从中得出结论。

二、实践结果

将获得的最终结论填写到表 4-1-2 中。

表 4-1-2　影响蛋糕质量的因素

原料	蛋	
	糖	
	油脂	
	蛋糕油	
	面粉	
	其他	
配方	干湿、软硬比	
搅拌	投料顺序	
	搅拌时间	
烘烤	温度	
	时间	

任务反思

在蛋糕制作过程中，平衡配方时须考虑的因素有哪些？

任务 4.2 乳沫蛋糕制作工艺

任务目标

知识： 1. 了解乳沫蛋糕生产原料。

2. 理解乳沫蛋糕配方及平衡关系。

3. 掌握乳沫蛋糕的制作过程及要领。

能力： 1. 准确判断干性发泡和湿性发泡。

2. 懂得乳沫蛋糕搅拌的三种方法及区别。

知识学习

一、乳沫蛋糕原料选用原则

1. 鸡蛋

鸡蛋的新鲜度直接影响蛋糕的质量。新鲜的鸡蛋胶体溶液稠度高，充入气体和保持气体的能力强；存放时间较长的鸡蛋充气性、持气性都很差，不宜用来制作蛋糕。

2. 面粉

要选择低筋粉，粉质要细，面筋要软，但又要有足够的筋力来承担烘焙时气体膨胀的张力，为蛋糕特有的组织起到骨架作用。

3. 糖

常选择蔗糖（白糖），以颗粒细密、颜色白者为佳，如绵白糖或糖粉。如糖颗粒过大，搅拌时间短时不易溶化，导致产品质量下降。

4. 油

一般选用液态的色拉油为好，也有使用黄油等固体油脂的。

5. 乳化剂

乳化剂即蛋糕油，选用速发型蛋糕油。

二、乳沫蛋糕的配方比例

乳沫蛋糕配方设计主要坚持平衡原则，即干湿平衡，强弱平衡。在配方中，蛋不仅是湿性原料的主要来源，而且是体现蛋糕品质与特色的重要原料。

蛋与粉的比例直接决定了蛋糕的档次（表 4-2-1）。蛋量越多，蛋糕的品质与口感越好，档次越高。

表 4-2-1　不同档次蛋糕中粉与蛋的比例表

蛋糕档次	粉与蛋的比例
高档海绵蛋糕	1：2 以上（最高可达 1：2.5）
中档海绵蛋糕	1：1 ~ 1：2
低档海绵蛋糕	1：1 以下

低档海绵蛋糕可用奶或水来补充液体量，以维持一定的干、湿平衡，但总水量不应超过面粉量。糖在海绵蛋糕配方中的变化不大，其用量与面粉量接近，并随原料总量的增加略有增加。

在蛋糕制作的主要材料中，最能影响蛋糕质地的材料是油脂，尤其以海绵蛋糕最为明显。油脂在蛋糕内能改变糕体的原有结构，使面糊组织发生变化。因为油脂与水不能融为一体，所以使用的油脂量越高影响也就越大，反之则小。一般海绵蛋糕含油量以 15% ~ 30% 最为合适（特殊配方除外）。

三、乳沫蛋糕的工艺流程

下面以海绵蛋糕和天使蛋糕为例，分析乳沫蛋糕生产的工艺流程。

（一）海绵蛋糕

海绵蛋糕有两种搅拌方法，即传统法和乳化法（添加蛋糕油法）。

1. 传统法

传统法工艺流程如图 4-2-1。

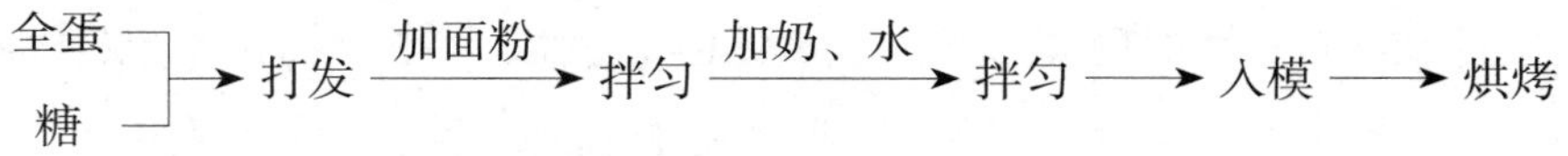

全蛋
糖 → 打发 —加面粉→ 拌匀 —加奶、水→ 拌匀 —→ 入模 —→ 烘烤

图 4-2-1　传统法

2. 乳化法

根据添加原料顺序不同可分为一步法、两步法和分步法。

一步法制作工艺流程如图 4-2-2 所示。

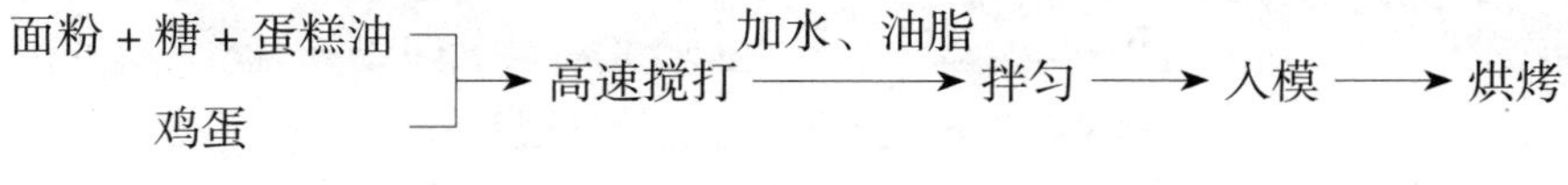

面粉 + 糖 + 蛋糕油
鸡蛋 → 高速搅打 —加水、油脂→ 拌匀 —→ 入模 —→ 烘烤

图 4-2-2　一步法

两步法制作工艺流程如图 4-2-3 所示。

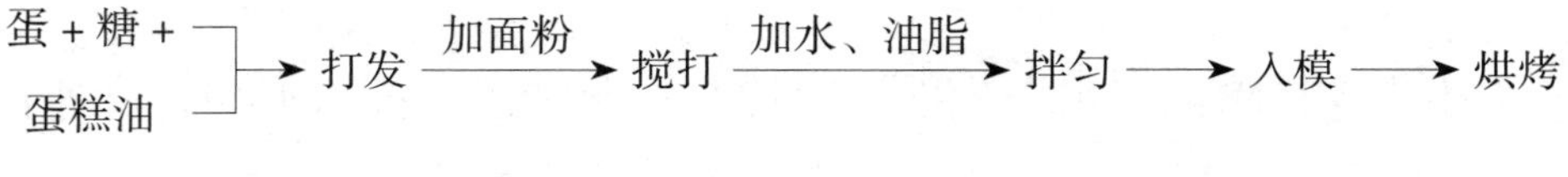

蛋 + 糖 +
蛋糕油 → 打发 —加面粉→ 搅打 —加水、油脂→ 拌匀 —→ 入模 —→ 烘烤

图 4-2-3　两步法

分步法制作工艺流程与传统法基本一样，区别在于分步法在搅打中途添加蛋糕油（图 4-2-4）。

全蛋
糖 ⟶ 打发 —加蛋糕油→ 搅拌 —加面粉→ 拌匀 —加水、油脂→ 拌匀 ⟶ 入模 ⟶ 烘烤

图 4-2-4 分步法

（二）天使蛋糕

天使蛋糕与其他蛋糕不同，只选用蛋白部分。蛋白与糖搅打发泡后与其余原料混匀，经烘烤成熟，形成极其松软的、颜色洁白的、如棉花般的蛋糕。

其制作工艺如图 4-2-5 所示：

蛋白
糖粉 ⟶ 打发 —加面粉→ 拌匀 —加奶、水、油脂→ 拌匀 ⟶ 入模 ⟶ 烘烤

图 4-2-5 天使蛋糕制作工艺

四、乳沫蛋糕的主要工艺环节

（一）搅糊

1. 传统法

（1）分蛋搅拌法。此法在戚风蛋糕中重点介绍。

（2）全蛋搅拌法（传统方法）。全蛋搅拌法是将鸡蛋与糖搅打起泡后，再加入其他原料拌和的一种方法。具体操作过程是将全蛋与糖一起加入搅拌机，先用慢速搅打 2 min，待糖、蛋混合均匀，改用中速搅拌至蛋糖呈乳白色，勾起，蛋糊不往下流时，改用快速搅打至蛋糊能竖起，但不很坚实（湿性发泡），体积达到原来蛋糖体积的 3 倍左右时，将过筛的面粉慢慢倒入，慢速搅拌均匀，再将其他湿性原料（如油、水等）加入混匀即可（图 4-2-6）。

图 4-2-6 全蛋搅拌法搅拌过程

2. 乳化法

乳化法是在传统全蛋法海绵蛋糕中加了乳化剂（蛋糕油）的方法，目前较为常用，具体操作方法有以下三种。

（1）一步搅拌法。将除油、水以外的所有原料一起加入搅拌机混匀，高速搅打到干性发泡状，再慢速加入水和油，混合均匀即可。高档海绵蛋糕多采用此法。

（2）两步搅拌法。除水和油脂以外的原料分两次加入，进行两次搅拌。操作时先将蛋、糖、蛋糕油加入搅拌缸内，慢速拌匀后高速搅打至接近湿性发泡阶段，再慢速加入面粉，混匀后再高速搅打 1 min 左右，改为慢速，加入水、油脂混合均匀即可。

（3）分步搅拌法。先将蛋、糖按传统方法进行搅拌，至蛋液刚刚起发时加入蛋糕油，然后高速搅拌至湿性发泡，加入已过筛的面粉，慢速拌匀，同时慢慢地加入水，最后加入液体油拌匀即可（图 4-2-7）。分步法的重点是蛋糕油在快速搅拌之前加入。低档的海绵蛋糕（用蛋量较少）多采用此法。

图 4-2-7　乳化法分步搅拌过程

（二）灌模

将蛋糕液体以细流状倒入烤盘（烤模），一般填充模具的 6～7 分满，然后使用塑料刮板刮平糕体，轻震几下烤盘（烤模），以便排除糕体内的大气泡（图 4-2-8）。

图 4-2-8　灌模

（三）烘烤

烘烤的温度和时间对乳沫蛋糕的质量有很大影响，具体操作时要灵活掌握（图 4-2-9）。

图 4-2-9　烘烤

1. 温度

烘烤温度太低，糕体凝固慢，气体过度膨胀，内部气孔过大、组织松散粗糙，烤出的蛋糕顶部会下陷；温度太高，糕体表面凝固过快，膨胀不够，糕体较硬，顶部隆起，中央部分容易裂开，四边向里收缩。通常乳沫蛋糕烘烤温度以 180～220 ℃为佳。

2. 时间

正常情况下，长方盘的乳沫蛋糕烘烤时间在 40 min 左右。如烤箱温度不均衡，烘烤 30 min 后可将烤盘调换方向。烘烤不足，糕体内部发黏、不熟；烘烤过度，成品干燥，四周硬脆。烘烤时间依据制品的大小和糕体的厚薄决定，同时可依据配方中糖的含量灵活调整。含糖量高的蛋糕，烘烤温度略低，时间略长；含糖量低的蛋糕，烘烤温度稍高，时间稍短。

> **职业好习惯**
> 灌模完成后要即刻送入烤箱，以免时间过长糕体消泡。

（四）蛋糕出炉处理

将蛋糕从炉中取出，轻震烤盘以便热气散发，糕体脱模后放在散热架上，正面朝下，使之冷透（图 4-2-10）。

图 4-2-10　脱模、散热

五、乳沫蛋糕制作的注意事项

制作乳沫蛋糕要注意以下事项：

（1）温度对蛋液的充气性及持气性有很大影响。冬季，最好采用温水浴的方法进行搅打；夏天，如果天气太热，可以将鸡蛋提前冷藏 60 min 后再使用。

（2）全蛋与糖搅拌的程度一定要控制好，当糕体呈乳白色，勾起后糕体成柔软的尖峰状时最佳。当糕体达到最佳状态后，最好用一挡（慢速）继续打发（整理气泡）1 min 左右，至不规则气泡基本消失为止。

> **烘焙小贴士**
>
> 油脂要依赖面粉才能与蛋液融为一体，若先将油脂掺入蛋液内会使气泡快速消失、体积减小，蛋液会变得稀薄，丧失蛋糕打发的目的和意义。

（3）筛粉是为了去除面粉中的疙瘩等杂质，同时使面粉松散、充气（图 4-2-11）。乳沫蛋糕普遍含水量低，面粉拌入后不易搅拌均匀，又不可过渡搅拌，否则蛋糊消泡、面粉起筋。如果使用有疙瘩的面粉生产蛋糕，成熟后糕体内会有干粉颗粒，严重影响产品质量。

图 4-2-11 筛粉

（4）干粉原料要分 3~4 次加入，慢速或手工搅拌，避免生成面筋。如果一次性把面粉全部倒入，很难搅拌均匀。

（5）油脂在蛋糕搅拌的最后阶段添加，在慢速搅拌的情况下缓慢地以细流状倒入至完全融合。如果使用黄油，须提前熔化为液态再添加。

（6）烤盘或模具入炉前须轻轻震动 2~3 次，目的是排出蛋糊中的大气泡，出炉后同样需要震动，让热空气散发出去。

六、乳沫蛋糕常见问题及原因

（一）蛋液打发不好

蛋液打发不好的原因主要有以下三点。

（1）搅拌缸中有油脂。

（2）蛋类新鲜度不够或者蛋液的搅拌温度过低。

（3）搅拌缸与蛋的比例不适合，缸过大或蛋液过少。

（二）蛋糕膨大不佳

蛋糕膨大不佳的原因主要有以下五点。

（1）烤箱的温度控制不好，温度过高或过低。

（2）蛋液打发过头或不足。

（3）混合面糊时搅拌的时间过久。

（4）搅拌好的面糊放置时间过长，没有及时进入烤箱。

（5）蛋糕在烘烤初期烤箱门被打开或者糕体被震动。

（三）蛋糕组织有大的孔洞或过于粗糙

如果蛋糕组织有大的孔洞或过于粗糙，那么原因可能有以下七点。

（1）添加的糖过于粗糙。

（2）面粉等粉料过筛不细或没有过筛。

（3）原料中成分如蛋液不新鲜或面粉发潮。

（4）添加面粉时面糊搅拌不均匀或搅拌过度。

（5）蛋液打发过头或不足。

（6）烤炉温度控制得不好，下火温度过高。

（7）添加的膨松剂量过大。

（四）外皮颜色浅淡

外皮颜色浅淡的原因主要有以下两点。

（1）配方中糖不足。

（2）烤箱温度低。

（五）外皮颜色太重

外皮颜色太重，原因主要有以下两点。

（1）配方中糖过多。

（2）烤箱温度过高。

（六）表面黏湿

表面黏湿的原因主要有以下三点。

（1）烘烤不完全，未完全烤熟。

（2）在烤盘里冷却或通风不足。

（3）包装时冷却不完全。

（七）糕体口感发硬

糕体口感发硬的原因主要有以下四点。

（1）搅拌不正确。

（2）面粉筋力过高。

（3）配方中面粉添加过多。

（4）搅拌过度。

能力培养

实践项目：制作海绵蛋糕

参照表 4-2-2 中的配方，每个小组制作一份海绵蛋糕，用相机将制作过程记录下来，以幻灯片的形式汇报交流。

表 4-2-2　香草海绵蛋糕配方比例

名称	质量 /g
鸡蛋	1 200
糖	600
低筋粉	600
色拉油	180
蛋糕油	60
泡打粉	10
盐	5
香草粉	4
水（奶）	180

一、实践准备

人员：小组成员。

场地：烘焙实训室。

设备：海绵蛋糕制作所需的打蛋器、烤箱、烤盘、称量工具、盛装工具、相机等。

二、实践过程

1. 明确小组成员任务，上网观看海绵蛋糕制作的视频，整理出制作流程及操作要点。

2. 在老师的指导下制作海绵蛋糕。

三、实践要求

（一）操作要求

操作人员进入实验室前必须先更衣、消毒，然后再进入。

（二）原料要求

1. 领料人员依据计划领用所需原料。

2. 操作人员对原料的外包装及质量进行检查，选用符合质量标准的原材料。

3. 配料前对称量器进行检查。

（三）搅拌要求

1. 搅拌前要清洗消毒搅打缸，使其达到卫生标准。

2. 保持环境、地面清洁卫生。

3. 搅拌机使用后，里面不得存有任何材料，及时清洗，保持清洁。

（四）灌模要求

成型模具使用前必须进行清洗消毒，使其达到卫生标准。

（五）烘烤要求

烘烤前检查烤箱是否正常，严格按产品工艺烘烤制作。

四、实践结果

将本小组的生产过程及最终产品以幻灯片的形式展示交流，分享各自的心得体会，互相学习，互相提高。

五、实践评价

小组长对本小组的活动做自评，组间开展互评，最后教师总结。

任务反思

分析海绵蛋糕生产流程，总结出质量控制的关键点和关键工序，填写在表 4-2-3 中。

表 4-2-3 总 结 表

生产流程	注意事项	要领
器材准备	搅拌缸、烤模、称量工具、盆等要清洗干净，无杂质，无异味，定期消毒	
原料准备		
称量		
搅拌		
装模		
烘烤		
出炉		
包装		

任务 4.3　面糊蛋糕制作工艺

任务目标

知识：1. 认识面糊蛋糕。

　　　2. 理解面糊蛋糕的制作过程。

　　　3. 掌握油、糖搅拌法的操作过程及要领。

能力：1. 能正确区分面糊蛋糕的两种搅拌方法。

　　　2. 懂得面糊蛋糕对配方及平衡关系的要求。

知识学习

　　面糊蛋糕是通过搅打黄油使其充气，经过烘烤使产品膨松的一类点心，口感上比其他蛋糕实一些，因加入了大量的黄油，所以口味香醇。目前烘焙行业常在面糊中加入一些水果、果脯或干果，用以减轻蛋糕的油腻感。历史上此类蛋糕使用的原料为面粉 100%、糖 100%、鸡蛋 100%、奶油 100%；而搅拌后面糊装盘的重量是 1 lb（约为 0.454 kg），所以又称磅蛋糕，此类蛋糕使用的原料成分较多，属于高级蛋糕。

一、面糊蛋糕原料选用原则

　　面粉、糖等原料选择同海绵、戚风蛋糕；不同的是面糊类蛋糕油脂一般选用黄油，软化的黄油在高速搅打下能够充入大量的气体，烘烤过程中，气体受热膨胀，蛋糕得以膨松。液态的色拉油在搅打过程中没有充气性，所以不能使用。

二、面糊蛋糕的配方比例

　　与其他蛋糕相比，面糊蛋糕组织紧密厚实的原因是配方中使用较多的韧性材料，尤其是增加了鸡蛋量，减少或不使用膨松剂。

1. 重油蛋糕配方比例（表 4-3-1）

表 4-3-1　重油蛋糕配方比例

原料	烘焙百分比 / %
面粉	100
油脂用量	60 ~ 100
鸡蛋	100 ~ 200
糖	80 ~ 90
盐	3 ~ 4

2. 配方调整时应遵循下列原则

（1）油和糖是互补的，如果在配方中增加糖量，一般情况下，蛋也应增加同样的比例，相应地，也应适当增加油脂的数量以缓冲由于增加蛋量而产生的韧性。

（2）如果配方中使用可可粉或抹茶粉等，由于其吸水量较大，故应增加配方中的水分或减少面粉的使用量。

（3）当使用糖浆代替砂糖时，应考虑糖的浓度及水的含量，使用葡萄糖、半乳糖等代替糖时，配方中应加少许塔塔粉、柠檬汁之类的酸性原料，以免蛋糕颜色过深。

三、面糊蛋糕的工艺流程

面糊蛋糕特别是重油蛋糕通常采用糖、油搅拌法或粉、油搅拌法。

1. 糖、油搅拌法

糖、油搅拌法步骤如图 4-3-1。

糖 / 油脂 ──→ 打发 ──加鸡蛋──→ 打发 ──加面粉──→ 搅拌 ──加其他原料──→ 拌匀 ──→ 入模 ──→ 烘烤

图 4-3-1　糖、油搅拌法

2. 粉、油搅拌法

粉、油搅拌法步骤如图 4-3-2。

油脂 / 面粉 ──→ 打发 ──加糖、奶──→ 打发 ──加液体材料──→ 入模 ──→ 烘烤

图 4-3-2　粉、油搅拌法

四、面糊蛋糕的主要工艺环节

（一）搅拌

1. 糖、油搅拌法

糖、油搅拌法是面糊蛋糕常用的搅拌方法。糖、油在搅拌过程中被动地充入大量空气，从而使蛋糕体积膨大，组织松软。此法使用的是浆状搅拌桨。使用此法，配方中可添加更多的糖和水分，烘烤出来的蛋糕体积较大。此法也常用于面糊类、混酥类点心制作。

> **烘焙小贴士**
> 油脂蛋糕，尤其是重油蛋糕主要是靠油脂拌入空气。为了在糖、油搅拌时充入更多空气，所用的糖要干燥，干燥的糖晶体易产生摩擦力。

糖、油搅拌法操作程序如图 4-3-3 所示：

（1）将黄油、鸡蛋提前半天拿到室温环境中。

（2）软化的黄油切成小丁，与细砂糖、盐一起打发，至黄油膨胀变白、膨松成绒毛状。

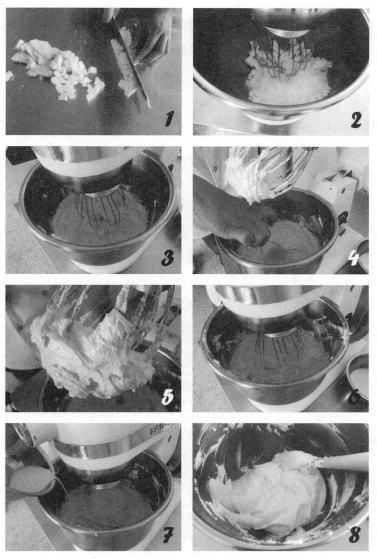

图 4-3-3　糖、油搅拌法搅拌过程

烘焙小贴士

1. 面糊蛋糕搅打过程中应经常停机，将粘在缸底的原料刮起。

2. 黄油使用前需软化，但不能成液态，否则不易打发。

3. 打发黄油是面糊蛋糕制作的关键，打发过度，烤好的蛋糕会回缩甚至严重塌陷；打发不足，蛋糕膨发不够甚至变成"蛋饼"。

（3）全蛋搅散成蛋液后，分 2~3 次加入打发好的黄油中，搅打到均匀细腻不再有任何的颗粒存在（注意在搅拌前停机将缸底的原料刮起）。

（4）分次加入过筛的粉类物质，慢速搅拌均匀。

（5）观察面糊的软硬度，使牛奶呈细流状缓慢加入，慢速拌匀即可（不可过度搅拌）。

2. 粉、油搅拌法

传统的重油蛋糕一般采用面粉、油脂搅拌法。首先将面粉和油脂进行搅拌，再加入其他辅助原料。其最大的特点是：组织细腻，口感柔软，特别适合中老年人食用。其操作程序如下：

（1）将配方中的粉质材料过筛，与油脂一起慢速搅拌，至面粉与油脂全部黏合在一起，改为中速搅拌，待粉、油料蓬发松大即可。

（2）加入盐、糖中速打发，2～3 min 即可。

（3）将鸡蛋分 2 次加入，中速打发。

（4）使牛奶与配方中 3/4 的水呈细流状缓缓加入，慢速搅拌均匀。

（5）根据面糊的干稀程度，将剩余的 1/4 水视情况酌量添加，慢速拌匀即可。

低成分配方蛋糕油的用量很少，如采用粉、油搅拌法，第一步搅拌时面粉无法融合足够的油脂，达不到充气的效果；第二步搅拌添加蛋和奶水时，面粉容易出筋，成熟后的蛋糕体积小、韧性大，故低档重奶油蛋糕不宜采用粉、油搅拌法，建议采用糖、油搅拌法。

（二）灌模

蛋糕原料搅拌均匀后，应立即灌模，即刻烘烤。重油蛋糕的模具一般有圆形、长方形、纸盒以及各种动物造型等，不锈钢或纸质的均可，可依据蛋糕的配方、风味特点灵活选用。

灌模的要求：

（1）面糊蛋糕膨胀系数没有其他蛋糕那么大，所以装模时要求七分满。

（2）因面糊蛋糕出炉后一般不做进一步的装饰，所以灌模时四边及底部应保持光滑和平整，面糊不能粘烤盘，否则从烤盘内取出时蛋糕表皮易破损。为了防止表皮破损，可以采取以下方法。

第一，在烤盘的四周和底部垫上一层干净的烘烤纸，便于脱模。

第二，在烤盘四周和底部涂上一层防黏油脂。即烤盘先刷油，再撒上薄薄一层高筋面粉，便于脱模。使用后，烤盘须用干净的布擦拭干净，整齐地堆放一处，留待下次使用。

（三）烘烤

为防止蛋糕在烘烤过程中水分损失过多、出现焦煳等情况，建议使用中温（170～180 ℃）烘烤。烘烤时间视蛋糕大小而定，一般 45～60 min。

（四）出炉

蛋糕出炉后，轻震烤盘使热气散发，自然凉透后包装、装饰。

五、面糊蛋糕常见问题及原因

（一）成熟后塌陷

成熟后塌陷的原因主要有以下六点：

（1）配方内膨松剂添加不足。

（2）搅拌过久。

（3）蛋的用量不够。

（4）糖和油的用量太多。

（5）面粉筋力太低。

（6）在烘烤尚未定型时，烤盘变形或有振动。

（二）成熟后表面隆起

成熟后表面隆起的原因主要有以下五点：

（1）搅拌过度或面粉筋力过大。

（2）配方内柔性材料不足。

（3）鸡蛋用量过大或膨松剂过量。

（4）烤箱温度过高。

（5）面糊搅拌不匀。

能力培养

实践项目：制作香蕉蛋糕

参照表 4-3-2 中的配方，每个小组制作一份香蕉蛋糕，用相机将制作过程记录下来，以幻灯片的形式汇报交流。

表 4-3-2　香蕉蛋糕配方

原料	质量 /g
黄油	160
细砂糖	150
鸡蛋	200
低筋面粉	160
泡打粉	3
香蕉泥	100

一、实践准备

人员：三人一个小组，明确各自任务，上网查找重油蛋糕制作的视频，整理出制作流程及操作要点。

场地：烘焙实训室。

设备：制作重油蛋糕所需的打蛋器、烤箱、烤模、称量工具、盛装工具、相机等。

二、实践过程

1. 操作要求同海绵蛋糕。

2. 在教师的指导下完成各自的任务，注意安全卫生。

三、实践结果

1. 每个小组将自己的生产过程、最终产品以幻灯片的形式展示交流。

2. 分享各自的心得体会，并回答大家的提问。

四、实践评价

小组长对本组活动做自评，组间开展互评，最后教师总结。

任务反思

小李制作了一份重油蛋糕，在烤箱内涨发非常理想，可是出炉后体积缩小，顶部塌陷，请帮小李分析一下出现这种情况的可能原因，并给出改进建议。

任务4.4　戚风蛋糕制作工艺

任务目标

知识：1. 熟知戚风蛋糕原料选用原则，了解配方及平衡关系。

2. 理解戚风蛋糕对烤模的特殊要求。

3. 掌握戚风蛋糕搅打的要领。

能力：1. 理论指导实践。

2. 对戚风蛋糕出现的质量问题做出正确判断，并给出合理的改进意见。

知识学习

戚风蛋糕是"chiffon cake"的音译，意思是犹如雪纺绸一样的蛋糕，顾名思义，口感极其细腻嫩滑。从蛋糕的性质与口感来说，面糊蛋糕使用固体油脂过多，口感较重，尤以重油蛋糕为甚。而传统的乳沫蛋糕组织虽较软，但口感多粗糙，如一般海绵蛋糕。戚风蛋糕去除了乳沫蛋糕和面糊蛋糕的缺点，兼具了优点，所以将戚风蛋糕单独列出学习。

一、戚风蛋糕原料的选用原则

1. 面粉

面粉在戚风蛋糕中主要构成蛋糕的骨架，淀粉起到填充作用。因戚风蛋糕面糊中水分含量较其他类蛋糕高一些，所以使用的面粉必须新鲜和良好，以便在搅拌和烘烤过程中不但能容纳面糊内的水分，而且能支持蛋糕的膨胀，出炉后，蛋糕不会出现收缩现象。

2. 糖

粗砂糖不易溶解于面糊，所以应选用细砂糖或糖粉。在制作各种风味戚风蛋糕时，可以用蜂蜜等代替细砂糖使用，以获取特殊的香味。

3. 泡打粉

泡打粉是戚风蛋糕蛋黄部分的膨松剂，最好选择双效泡打粉，可二次产气，使产品口感更松软。

4. 鸡蛋

选用新鲜带壳鸡蛋，因为戚风蛋糕需将蛋清与蛋黄各自分出，把蛋清用在乳沫部分（也就是蛋白糊部分），而蛋黄用在面糊部分（也就是蛋黄糊部分）。夏天鸡蛋的韧性较差，蛋黄极为柔软，易致破散，所以在天气炎热的季节里，鸡蛋最好是先放入冰箱冷藏 1 ~ 2 h 后再取出来使用。

5. 油

为了使面粉、油脂、水分能够拌和均匀，应该选用液体油，以色拉油为最好。

6. 塔塔粉

塔塔粉，主要用于调节蛋白的 pH，加入塔塔粉后，蛋白的稳定性和起泡性都有所提高。

二、戚风蛋糕的配方比例

戚风蛋糕配方的平衡分两部分，分别是蛋黄部分和蛋白部分。

蛋黄部分（面糊部分）：面粉为 100%，油的用量等于蛋或少于蛋的 10%，泡打粉 2.5% ~ 5%，总水量包括奶、水、果汁等（不包括蛋黄），一般在 65% ~ 75%。戚风蛋糕蛋白为 100%，按需要的蛋白数量称出蛋白，剩下的蛋黄就作为面糊部分的用量，一般鸡蛋中蛋白和蛋黄的比例为 2 : 1。

蛋白部分（乳沫部分）：通常只有蛋清、糖和塔塔粉三种原料，一般蛋清为 100%，糖为 66%，塔塔粉为 0.5%，这个比例打出来的蛋白韧性和膨胀性均佳。

> **烘焙小贴士**
> 使用电子秤、量杯、量匙，准确称量出蛋清、蛋黄部分的原料。

三、戚风蛋糕的工艺流程

戚风蛋糕工艺流程见图 4-4-1。

```
蛋白部分搅拌 ┐
            ├→ 浆料混合 ──→ 装模 ──→ 烘烤 ──→ 装饰、包装
蛋黄部分搅拌 ┘
```

图 4-4-1　戚风蛋糕工艺流程

四、戚风蛋糕的主要工艺环节

（一）搅拌工艺

1. 分蛋

在制作戚风蛋糕过程中，需将蛋清与蛋黄分开，然后进行分步搅拌。通常有手工分蛋和分蛋器分蛋两种方式。

（1）手工分蛋：将鸡蛋磕开，蛋液在两个蛋壳间倒两三次，使蛋清流出，完成蛋清和蛋黄的分离（图 4-4-2）。

（2）分蛋器分蛋：只需把鸡蛋打入分蛋器中，蛋清会顺着漏网自动渗出，留下蛋黄部分，使用分蛋器分蛋，蛋清、蛋黄分离得更干净彻底。

> **烘焙小贴士**
> 分蛋操作时，蛋清中要求无水、无油、无蛋黄，否则会严重影响打发。

图 4-4-2　手工分蛋

职业好习惯

分蛋时，最好是将蛋清一个一个先分到小碗里，分离一个倒入打蛋器内一个。这样即使偶尔有没分好的蛋，只需处理没分好的蛋液，不会出现因为一颗蛋没分好而影响整个操作的情况。

2. 蛋黄部分的搅拌

首先，将湿性材料（水、牛奶、果汁、油脂等）混合均匀，然后加入糖粉，搅拌至糖完全溶解。

其次，将干性材料（低筋面粉、泡打粉、香草粉等）加入，搅拌均匀。

最后，将蛋黄加到混合液中，搅拌至光滑细腻。

蛋黄部分的搅拌过程见图 4-4-3。

图 4-4-3　蛋黄部分搅拌过程

3. 蛋白部分的搅拌

蛋白部分的搅拌，是戚风蛋糕制作的关键环节。

首先，要求把搅拌缸、搅拌器等清洁干净，不能有任何油迹及水分。然后加入蛋清和塔塔粉，以中速打至湿性发泡，加入细砂糖或糖粉，高速打至中性发泡（用手指挑起蛋白糊，可在指尖上形成一向上的尖峰，峰尖略弯曲）即可（图 4-4-4）。如果继续搅打，用手挑起蛋白糊，会形成直立的尖峰，峰尖硬挺，达到干性发泡阶段。干性发泡阶段的蛋白，保持气体的能力很差，且不易与蛋黄部分混合。

4. 蛋白部分与蛋黄部分的混合

取 1/3 蛋白糊加入蛋黄糊中，采用"海底捞月"的手法快速搅匀。然后将混匀的面糊加到剩余的 2/3 蛋白糊里，采用同样的手法快速搅匀，如果操作时间过长，蛋白部分会因油脂影响而消泡。混合后的面糊性质与高成分海绵蛋糕相似，呈浓稠状（图 4-4-5）。

图 4-4-4 蛋白部分搅拌过程

图 4-4-5 蛋白部分与蛋黄部分混合过程

　　如果混合后的面糊显得很稀、很薄，且表面有很多小气泡，表明蛋白打发不够，或者蛋白糊与蛋黄糊两部分混合时拌得过久。

（二）灌模

1. 模具选择

　　除不粘材质外，各种烤盘均适用于戚风蛋糕，各种戚风卷筒蛋糕需选用平烤盘，除此之外最好使用中空模具（以活动底为佳）。不论何种烤盘或烤模，都必须洁净无水，且不能涂油撒粉，因为戚风蛋糕成熟时需要黏附在烤模壁上攀爬胀发。如烤模涂油或撒粉，附着力就会降低，影响蛋糕的起发。如果使用平烤盘，必须垫上干净的油纸。

2. 装模要求

蛋糕从搅拌到装模，操作速度越快越好，时间最好控制在 10 min 之内。装模时一般填充模具的 6~7 分满即可。

（三）烘烤

烘烤温度和时间需根据模具的大小、糕体的厚薄综合考虑，通常情况下，上火高于下火。使用中空模具的戚风蛋糕，成熟时上火在 160~170 ℃，下火在 130~150 ℃，时间 40~50 min。

（四）出炉处理

如检验蛋糕已熟透，则可以从炉中取出，出炉后轻轻震动烤模（散热气），并立即倒扣在冷却架上冷却。冷却后用脱模刀沿着模具四周及底部将糕体分离出来（图 4-4-6）。

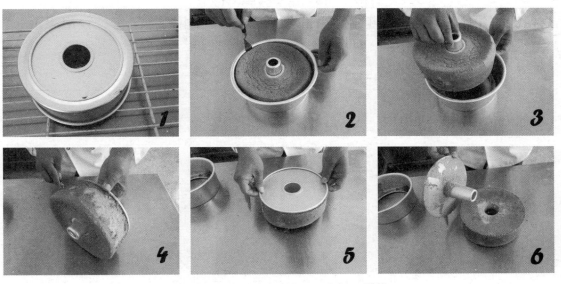

戚风蛋糕

图 4-4-6　冷却、脱模

五、戚风蛋糕常见问题及原因

（一）蛋糕膨胀不足

蛋糕膨胀不足的原因有以下四点：

（1）膨松剂用量不足。

（2）蛋白打发程度不够。

（3）混合面糊时搅拌时间过长或面糊混合不均匀。

（4）烤箱火候控制得不好，下火过低或上火过高。

（二）表面开裂

表面开裂的原因有以下两点：

（1）装填模具时填入的糕体过多。

（2）烤箱温度过高或膨松剂过量。

（三）成熟后塌陷

成熟后塌陷的原因有以下四点：

（1）蛋白打发不充足。

（2）模具沾有油脂或使用了不粘模具。

（3）烤箱温度过高或没有完全成熟。

（4）成熟后没有倒扣晾凉。

能力培养

实践项目：制作戚风蛋糕

参照表 4-4-1 中的配方，每个小组制作一份戚风蛋糕，用相机将制作过程记录下来，以幻灯片的形式汇报交流。

表 4-4-1　戚风蛋糕配方

部分	原料	质量 /g
蛋白部分	蛋清	380
	塔塔粉	4
	糖粉	140
蛋黄部分	蛋黄	190
	糖粉	70
	细盐	2
	低筋粉	175
	色拉油	80
	水	100
	泡打粉	5
	香草粉	2

一、实践准备

人员：三人一个小组，明确各自任务，上网观看戚风蛋糕制作的视频，整理出制作流程及操作要点。

场地：烘焙实训室。

设备：制作戚风蛋糕所需的打蛋器、烤箱、烤模、称量工具、盛装工具、相机等。

二、实践过程

1. 操作要求同海绵蛋糕。
2. 在教师的指导下完成各自的任务，注意安全卫生。

三、实践结果

1. 每个小组将自己的生产过程、最终产品以幻灯片的形式展示交流。
2. 分享各自的心得体会，并回答大家的提问。

四、实践评价

小组长对本组活动做自评，组间开展互评，最后教师总结。

任务反思

分析戚风蛋糕的生产流程，总结出质量控制的关键点，填写在表 4-4-2 中。

表 4-4-2 总 结 表

生产流程	注意事项	要领
器材准备	搅拌缸、烤模、称量工具、盆等要清洗干净，无杂质，无异味，定期消毒	
原料准备		
称量		
搅拌		
装模		
烘烤		
出炉		
包装		

项 目 小 结

项目 4 小结见表 4-1。

表 4-1 项目小结表

	任务	知识学习	能力培养
4.1	蛋糕基础	蛋糕的特点 蛋糕的膨胀原理 蛋糕的分类 蛋糕配方平衡 蛋糕工艺	能从原料、配方、搅拌、烘烤等几方面分析影响蛋糕质量的因素
4.2	乳沫蛋糕制作工艺	乳沫蛋糕原料选用原则 乳沫蛋糕的配方比例 乳沫蛋糕的工艺流程 乳沫蛋糕的主要工艺环节 乳沫蛋糕制作的注意事项 乳沫蛋糕常见问题及原因	参照所给配方，每个小组制作一份海绵蛋糕，用相机将制作过程记录下来，以幻灯片的形式汇报交流
4.3	面糊蛋糕制作工艺	面糊蛋糕原料选用原则 面糊蛋糕的配方比例 面糊蛋糕的工艺流程 面糊蛋糕的主要工艺环节 面糊蛋糕常见问题及原因	参照所给配方，每个小组制作一份重油蛋糕，用相机将制作过程记录下来，以幻灯片的形式汇报交流
4.4	戚风蛋糕制作工艺	戚风蛋糕原料选用原则 戚风蛋糕的配方比例 戚风蛋糕的工艺流程 戚风蛋糕的主要工艺环节 戚风蛋糕常见问题及原因	参照所给配方，每个小组制作一份戚风蛋糕，用相机将制作过程记录下来，以幻灯片的形式汇报交流

项 目 测 试

一、名词解释

1. 蛋糕：_____

2. 中性发泡：_____

3. 面糊蛋糕：_____

4. 湿性材料：_____

5. 戚风蛋糕：_____

二、选择题

1. 检验蛋糕成熟与否的方法有（　　　）。

A. 看　　　　　　　B. 插　　　　　　　C. 摸　　　　　　　D. 尝

2. 下列蛋糕属于乳沫蛋糕的有（　　　）。

A. 玛芬蛋糕　　　　B. 天使蛋糕　　　　C. 乳酪蛋糕　　　　D. 海绵蛋糕

3. 蛋糕制作过程中对鸡蛋的搅拌温度要求是（　　）。

A. 全蛋 30 ℃、蛋清 22 ℃　　　　　　　B. 全蛋 25 ℃、蛋清 30 ℃

C. 全蛋 25 ℃、蛋清 22 ℃　　　　　　　D. 全蛋 20 ℃、蛋清 22 ℃

4. 蛋糕冷却的方法有（　　）。

A. 自然冷却　　　　B. 风冷　　　　　C. 冰箱冷却　　　　D. 烤箱冷却

5. 蛋糕常用的装饰材料有（　　）。

A. 奶油制品　　　　B. 巧克力制品　　　C. 糖制品　　　　　D. 新鲜水果及罐头

6. 海绵蛋糕搅拌工艺可分为（　　）。

A. 传统法　　　　　B. 乳化法　　　　　C. 粉油法　　　　　D. 糖油法

7. 乳沫蛋糕糕体搅打好后，最好是用一挡继续打发 1 min 左右，目的是（　　）。

A. 搅拌均匀　　　　B. 整理气泡　　　　C. 溶化糖　　　　　D. 混合油脂

8. 下列蛋糕原料中属于湿性材料的有（　　）。

A. 糖　　　　　　　B. 粉　　　　　　　C. 蛋、奶　　　　　D. 油脂

9. 面糊类蛋糕常见品种有（　　）。

A. 布朗尼蛋糕　　　B. 玛芬蛋糕　　　　C. 马卡龙蛋糕　　　D. 慕斯蛋糕

10. 蛋糕成熟后从炉中取出，轻震烤盘的目的是（　　）。

A. 脱模　　　　　　B. 散热　　　　　　C. 通风　　　　　　D. 去油

三、判断题

（　　）1. 需要单独搅打蛋白时，搅拌工具及容器不能沾水和油。

（　　）2. 蛋糕从搅拌到入模时间最好控制在 10 ～ 15 min。

（　　）3. 蛋糕膨松度随蛋、糖、面粉的比例不同而不同，一般以填充模具九分满为宜，填充时要求抹平表面，灌模要求在 2 min 之内完成。

（　　）4. 制作海绵蛋糕时，应使用中央凸起的环状烤盘，烤盘内壁切勿抹油撒粉。目的是烘焙过程中面糊可以攀附到盘壁上，膨起时糕体不易塌陷。

（　　）5. 蛋糕风冷时不应直接吹风，防止表面结皮。为了保持制品的新鲜度，可将蛋糕放在 2 ～ 10 ℃的冰箱里冷藏。

（　　）6. 海绵蛋糕通常烘烤温度为 180 ℃，烤制时间为 40 min 左右。

（　　）7. 蛋糕制作时，面粉等粉末状材料要分三到四次加入，不可一次性把面粉全部倒入，否则很难搅拌均匀，而且容易导致鸡蛋消泡。

（　　）8. 奶油蛋糕应使用中温（170 ～ 180 ℃）烘烤，时间应视蛋糕大小而定，一般在 45 ～ 60 min。

（　　）9. 面粉在戚风蛋糕中的主要作用是构成蛋糕的骨架，淀粉起到填充作用。

（　　）10. 戚风类蛋糕可用各种烤盘烘烤，但最好是使用中空模具（蛋糕模以活动底为佳）。

四、综合分析

1. 海绵蛋糕组织有大的孔洞或过于粗糙的原因有哪些?

2. 乳沫蛋糕,尤其是海绵蛋糕的一大特点就是全蛋液要保持适宜温度,具体操作时该如何处理?

3. 蛋糕搅拌前为什么要对面粉进行过筛处理?

4. 将蛋糕从烤模中完好取出的方法有哪些?

5. 比较乳沫蛋糕、面糊蛋糕和戚风蛋糕的相同点和不同点。

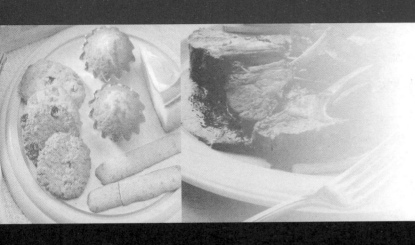

项目 5

面包制作工艺

项 目 导 入

　　传说大约在公元前 2600 年，一个埃及奴隶每天用面粉和水为主人做饼。一天晚上，由于过度劳累，饼还没烤他就睡着了，炉子也灭了。夜里，生面饼开始发酵、膨大。等到奴隶一觉醒来时，生面饼已经比昨晚大了一倍。他连忙把面饼塞到炉子里，以为这样就不会有人知道他活还没干完就大大咧咧睡着了。结果烤出了香气四溢、又松又软的面饼。

　　处在温暖的环境下，生面饼里面的细菌繁殖、代谢，产生了大量的气体，使得整个面饼膨大疏松……自此之后，聪明的埃及人通过实验，逐渐掌握了酵母菌的使用方法，为面包的发展奠定了良好的基础。

　　面包营养丰富、品种繁多，深受人们喜爱。在西方国家，面包是家庭的必备主食。无论是餐前甜点，还是西式正餐，面包都是不可或缺的美食。熟悉面包原料、掌握面包工艺、正确识别面包常见问题并妥善处理，是烘焙师必须具备的技能。

任务 5.1 面 包 基 础

任务目标

知识：1. 认识面包、熟悉面包的特点及分类。

2. 熟知面包制作工艺流程。

3. 掌握烘焙百分比、摩擦升温、加冰量的计算方法。

能力：1. 能准确计算配方用料等。

2. 能通过计算控制面团温度。

知识学习

一、面包的概念

面包，是将五谷（一般是小麦）的粉料加水、盐、酵母、鸡蛋、糖、油脂等调制成面团，经过发酵、整形、醒发等工序，最后以烘烤或炸等方式加热成熟的食品。

二、面包的特点

1. 用料广泛、品种繁多、各具特色

由于受到地理位置和气候条件的影响，不同国家或地区的人们的生活习惯和饮食结构不尽相同，因此产生了不同风味、不同口感的面包品种。

2. 选料精良、配比科学、工艺先进

西餐面点用料讲究，尤以面包最为突出。面包对原材料及工艺要求严格，从面粉筋力的高低、酵母活性的大小到水质的软硬都要严格把关；原料配比及工艺流程要经过反复试验才能最终确定。

3. 科学搭配、营养均衡、味香色美

面包用料广泛，营养全面，特别是全麦面包、粗粮面包、料理面包、干鲜果品面包等，在保证原有营养成分的前提下，增加了维生素、矿物质，提高了蛋白质的互补作用。科学的用料、丰富的营养造就了味香色美的世界级食品——面包。

三、面包的分类

通常，提到面包，我们首先想到的是欧美面包或亚洲的夹馅面包、甜面包等。其实，面包种类繁多。世界上广泛使用的面包原料除了小麦粉以外，还有黑麦粉、荞麦粉、麻薯粉、玉米粉等。有些面包经酵母发酵后，在烘烤过程中变得膨松柔软；有些面包则恰恰相反，不用发酵（宗教活动所用），尽管原料和制作工艺不尽相同，它们也被称为面包。

（一）按颜色区分

1. 白面包

制作白面包的面粉取自小麦颗粒的核心部分，抽粉率很低，由于面粉颜色相对较白，所以被称为白面包（如白吐司面包），亚洲为主要生产地区。

2. 褐色面包

此种面包的面粉抽取了小麦颗粒的核心部分、胚乳和 10% 的麸皮，颜色较深，所以被称为褐色面包。

3. 全麦面包

此种面包的面粉包括了小麦颗粒的所有部分，因此也称全谷面包。颜色比褐色面包深，主要食用地区是北美，近几年在我国也有一定的市场。

4. 黑麦面包

黑麦面包的面粉源自黑麦，含高纤维素，颜色比全麦面包还深。主要食用地区和国家有北欧、德国、俄罗斯、波罗的海沿岸、芬兰等，我国也有生产。

（二）按材料区分

1. 主食面包

顾名思义，主食面包就是可作为主食的一种面包，也称配餐面包，配方中油、糖的比例较其他品种面包低一些（图 5-1-1）。主食面包通常与其他副食一起食用，所以本身不需添加过多的辅料。根据口感不同，可将主食面包细划为脆皮型、软质型、半软质型及硬质型等类型。

2. 花色面包

花色面包品种甚多，包括夹馅面包、喷涂面包、甜甜圈及造型面包等。此种面包的配方优于主食面包，面粉按 100% 计算，糖用量为 12%～15%，油脂用量为 7%～10%，同时添加鸡蛋、果仁、牛奶等辅料（图 5-1-2）。与主食面包相比，花色面包口感更松软，体积更大，除面包本身的滋味外，尚有其他原料的风味。花色面包可分为甜面包、夹馅面包、保健面包、象形面包等。

图 5-1-1　主食面包

图 5-1-2　花色面包

3. 调理面包

调理面包属于二次加工面包，是由烤熟后的面包再一次加工而成，如三明治（图 5-1-3）、汉堡包、热狗（图 5-1-4）等，实际上是从主食面包派生出来的产品。

4. 丹麦油酥面包

此种面包配方中油脂用量较多，制作过程中又包入大量的固体脂肪，属于高档面包。该产品既保持了面包的特色，又有近于千层酥的质感，酥软爽口，风味奇特，备受消费者的喜爱。

图 5-1-3　三明治

图 5-1-4　热狗

5. 国家或地区的特色面包

英国以十字面包和香蕉面包而闻名；丹麦面包以表面浓厚的糖汁闻名，特点是甜腻而且热量高；德国以椒盐 8 字面包（图 5-1-5）、法国以法式长棍面包（图 5-1-6）为代表；大列巴（图 5-1-7）、黑面包是俄罗斯特产面包。

图 5-1-5　椒盐 8 字面包

图 5-1-6　法式长棍

图 5-1-7　大列巴

四、面包工艺流程

面包的工艺流程主要取决于发酵方法，目前普遍使用的发酵方法有一次发酵法（直接发酵法）、二次发酵法（中种发酵法）、快速法、冷冻面团法等。其中一次发酵法和二次发酵法是最基本的方法。

（一）一次发酵法

一次发酵法也称直接发酵法，是将配方中所有原料一次性投入搅拌缸，混合调制成面团，经一次性发酵而成的方法。直接发酵法具有操作简单、发酵时间短、面包口感较好，节约设备和人力等优点；缺点是面团的耐机械搅拌性及发酵耐性差，面包品质容易受原材料和操作误差影响，面包老化比较快。

1. 一次发酵法参考配方（表 5-1-1）

表 5-1-1 一次发酵法参考配方

原料	白吐司面包烘焙百分比 /%	甜面包烘焙百分比 /%
高筋面粉	100	85
低筋面粉	—	15
即发干酵母	1 ~ 1.2	1 ~ 1.2
改良剂	0 ~ 0.75	0 ~ 0.75
盐	1 ~ 2.5	0.8 ~ 1.2
糖	10 ~ 12	16 ~ 23
黄油	5	8 ~ 12
奶粉	5 ~ 8	4
鸡蛋	4	10
水	50 ~ 60	50 ~ 60

2. 一次发酵法工艺流程

确定配方→材料秤重→搅拌→发酵→分割→搓圆→中间醒发→整形→装模→最后醒发→烤前装饰→烘烤→出炉→冷却→成品。

（二）二次发酵法

二次发酵法又称中种发酵法或间接发酵法，是采用二次搅拌、二次发酵的方法。二次发酵法是将配方中的面粉分成两份，第一次搅拌时投入面粉量的 70% ~ 85%，然后放入相应的水及所有的酵母、改良剂等，慢速搅拌数分钟，使其成为粗糙均匀的面团，此时的面团称为中种面团或种子面团。然后将中种面团放入发酵室进行第一次发酵（也称基础发酵），待面团发酵至 3 ~ 4 倍体积时，与配方中剩余的面粉、盐及各种辅料一起进行第二次搅拌，至面筋充分扩展，此时的面团称为主面团。然后再经短时间的松弛，即可进行分割整形。采用二次发酵法制作的面包，因酵母有足够的时间繁殖，发酵耐力好、后劲足、成品体积较一次发酵法大，内部组织细密柔软、富有弹性、操作性能良好、香味浓厚、不易老化。如果在中种面团搅拌和发酵中存在问题，可以在二次搅拌和发酵中进行弥补，是面包制作者广泛使用的方法。其缺点是制作时间较长，程序相对复杂。

二次发酵法工艺流程：

确定配方→材料称重→中种面团搅拌→发酵→主面团搅拌→延续发酵→分割→搓圆→中间醒发→整形→装模→最后醒发→烤前装饰→烘烤→出炉→冷却→成品。

无论采用哪种方法，面包生产都要经过搅拌、发酵、整形、醒发、烘烤五道工序。

五、烘焙基本计算

（一）烘焙百分比

烘焙百分比是根据烘焙产品配方所设定的一种计算方法，是国际上广泛使用的一种烘焙计量方式。此方法是根据面粉的质量来推算其他材料所占比率，不管配方中面粉质量的具体数值是多少，我们都将其质量比率设定为 100 %，其他材料的质量以占面粉的百分率来计算（此计算比率的总和超过 100 %）。这种表示方法，从配方中可以一目了然地看出各种原料的相对比例，简单明了，方便计算。

实际百分比又称真实百分比，是原料的质量与配方中所有原料的总质量的百分比，此种方式计算配方比率总和为 100 %。

下面以甜面包配方（表 5-1-2）为例，来说明烘焙百分比与实际百分比。

表 5-1-2　甜面包配方

原料	实际用量 /g	烘焙百分比 /%	实际百分比 /%
面粉	1 000	100	52.77
干酵母	10	1	0.53
改良剂	5	0.5	0.26
盐	10	1	0.53
糖	200	20	10.55
油	80	8	4.22
奶粉	40	4	2.11
水	500	50	26.39
鸡蛋	50	5	2.64
总量	1 895	189.5	100

从表中可以看出面粉的烘焙百分比为 100%，而实际百分比为 52.77%；烘焙总百分比为 189.5%，而实际总百分比为 100%。

（二）配方用料计算

1. 公式 1

原料质量 = 面粉质量 × 该原料烘焙百分比

适用于已知面粉质量，求配方中其他原料质量的计算。

2. 公式 2

面粉质量 =（实用面团总质量 × 100%）÷ 烘焙总百分比

烘焙总百分比 = 配方中所有原料的烘焙百分比之和

适用于已知实用面团总质量，求配方中原料的质量，计算时可先用公式 2 求出面粉的质量，然后按公式 1 求出其他原料质量。

3. 公式 3

实用面团总质量 = 应用面团总质量 ÷（1- 基本损耗）

应用面团总质量 = 分割面团质量 × 数量

适用于已知每个面包分割面团质量，求各原料质量。面包在生产过程中，基本发酵和分割时都会有一些损耗，被称为基本损耗，其量值一般按 8% 计算。

4. 公式 4

实用面团总质量 = 产品总质量 ÷（1– 基本损耗）÷（1– 烘焙损耗）

适用于已知单个面包成品质量及数量，求各原料用量。

烘焙损耗包括醒发、烘焙、冷却等过程中的损耗，一般按 10% 计算。

例：根据表 5-1-3 的配方制作甜面包，面团分割质量 50 g，成品数量 25 个，配方中各原料用量见表 5-1-3。

表 5-1-3　甜面包配方

原料名称	烘焙百分比 /%	制作计算
高筋面粉	100	1. 应用面团总质量：50 g×25=1 250 g
干酵母	1	2. 实用面团总质量：1 250 g/（1–8%）=1 359 g
改良剂	0.5	3. 配方中原料质量
盐	1	面粉：（1 359 g×100%）/189.5%=717 g
糖	20	干酵母：717 g×1%=7.2 g
黄油	8	改良剂：717 g×0.5%=3.6 g
奶粉	4	盐：717 g×1%=7.2 g
水	50	糖：717 g×20%=143.4 g
鸡蛋	5	黄油：717 g×8%=57.4 g
		奶粉：717 g×4%=28.7 g
		水：717 g×50%=359 g
		鸡蛋：717 g×5%=35.9 g
总量	189.5	

（三）面粉系数

1. 公式：面粉系数 = 面粉烘焙百分比 ÷ 烘焙总百分比

即配方中面粉的烘焙百分比除以所有配方的烘焙总百分比所得商的数值。面粉系数真实地反映出面粉在配方中所占的百分比。

2. 根据面粉系数求面粉用量

公式：面粉用量 = 实用面团总质量 × 面粉系数

3. 求面团总质量及产品总数

公式：实用面团总质量 = 面粉用量 ÷ 面粉系数

六、面团温度的控制

（一）摩擦升温

面团搅拌过程中，面团与搅拌缸之间、面团分子之间均有很大的摩擦，这种摩擦产生的热量能使面团的温度升高，即摩擦升温。

控制面团摩擦升温的方法有两种，一种是利用设备来控制面团升温，如使用双层搅拌缸（中间层通入空气或冷水）或卧式搅拌缸等；另一种是通过加冰水的方法来控制面团升温。

（二）摩擦升温的计算

摩擦升温的数值是确定添加冰水的温度与数量的可靠依据。摩擦升温的高低与面包生产方法、面团搅拌时间和面团配方等因素有直接关系。计算中涉及的量及其符号见表 5-1-4。

1. 一次发酵法面包面团摩擦升温的计算方法

公式：摩擦升温 =（3× 搅拌后面团温度）-（室温 + 粉温 + 水温）

即

$$t_{ff} = (3 \times t_{ad}) - (t_r + t_f + t_w)$$

例：一次发酵法生产面包，测得面团温度为 32 ℃，室温 30 ℃，粉温 28 ℃，自来水水温 26 ℃，求摩擦升温。

解：已知 t_{ad} =32 ℃，t_r =30 ℃，t_f =28 ℃，t_w =26 ℃

则

$$t_{ff} = (3 \times t_{ad}) - (t_r + t_f + t_w)$$
$$= (3 \times 32)℃ - (30+28+26)℃$$
$$= 12 ℃$$

表 5-1-4 符号对应表

名称	符号
摩擦升温	t_{ff}
面团温度	t_{ad}
室温	t_r
粉温	t_f
自来水水温	t_w
发酵后中种面团的温度	t_s
面团理想温度	t_{dd}

2. 二次发酵法面包面团摩擦升温的计算方法

二次发酵法在面团搅拌过程中加入了中种面团，计算时应将此因素考虑进去。

公式：主面团摩擦升温 =（4× 搅拌后面团温度）-（室温 + 粉温 + 水温 + 发酵后中种面团的温度）

即

$$t_{ff} = (4 \times t_{ad}) - (t_r + t_f + t_w + t_s)$$

例：测得主面团搅拌后的温度为 28 ℃，当时的室温为 21 ℃，粉温为 20 ℃，使用的水温 20 ℃，发酵后中种面团温度 28 ℃，求摩擦升温。

解：已知 t_{ad} =28，t_r =21，t_f =20，t_w =20，t_s =28

则

$$
\begin{aligned}
t_{ff} &= (4 \times t_{ad}) - (t_r + t_f + t_w + t_s) \\
&= (4 \times 28)℃ - (21 + 20 + 20 + 28)℃ \\
&= 112 ℃ - 89 ℃ \\
&= 23 ℃
\end{aligned}
$$

（三）面团适用水温的计算

面团调制时达到最佳状态所需水温即为面团适用水温。

1. 一次发酵法面团适用水温的计算

公式：适用水温 =（3× 面团理想温度）–（室温 + 粉温 + 摩擦升温）

即

$$
t_w = (3 \times t_{dd}) - (t_r + t_f + t_{ff})
$$

例：一次发酵法生产主食面包，确定面团的理想温度是 27 ℃，环境室温是 25 ℃，面粉温度是 23 ℃，摩擦升温是 20 ℃，求和面的适用水温。

解：已知 t_{dd} =27 ℃；t_r =25 ℃；t_f =23 ℃；t_{ff} =20 ℃

则

$$
\begin{aligned}
t_w &= (3 \times t_{dd}) - (t_r + t_f + t_{ff}) \\
&= (3 \times 27)℃ - (25 + 23 + 20)℃ \\
&= 81 ℃ - 68 ℃ \\
&= 13 ℃
\end{aligned}
$$

2. 二次发酵法面团适用水温计算

公式：适用水温 =（4× 面团理想温度）–（室温 + 粉温 + 摩擦升温 + 发酵后中种面团温度）

即

$$
t_w = (4 \times t_{dd}) - (t_r + t_f + t_{ff} + t_s)
$$

例：二次发酵法生产面包，主面团的理想温度为 28 ℃，已知室温 25 ℃，粉温 23 ℃，摩擦升温 21 ℃，发酵后中种面团温度 27 ℃，求主面团适用水温。

解：已知 t_{dd} =28 ℃，t_r =25 ℃，t_f =23 ℃，t_{ff} =21 ℃，t_s =27 ℃

则

$$
\begin{aligned}
t_w &= (4 \times t_{dd}) - (t_r + t_f + t_{ff} + t_s) \\
&= (4 \times 28)℃ - (25 + 23 + 21 + 27)℃ \\
&= 112 ℃ - 96 ℃ \\
&= 16 ℃
\end{aligned}
$$

（四）加冰量的计算

如计算所得水温比自来水温度高，可以通过添加热水的方法得到所需的水温；如计算所得水温比自来水温度低很多，一般需要加冰块来获得理想的水温。所需要冰量可以通过计算得出。

公式：加冰量 = 配方总水量 ×（自来水水温 – 适用水温）÷（自来水水温 + 80）

配方总水量 = 自来水量 + 冰量

例：已知面包配方总水量为 2 500 g，自来水水温为 22 ℃，适用水温为 10 ℃，求加冰质量及自来水质量。

解：加冰质量为：2 500 g ×（22–10）℃ ÷（22+80）℃ = 294 g

自来水质量为：2 500 g – 294 g = 2 206 g

能力培养

小李同学想按表 5–1–5 的配方制作甜面包 30 个，每个成品重 50 g，请帮他求出每种原料用量，并将计算过程及结果填写在表格内。

表 5–1–5 甜面包配方

原料名称	烘焙百分比 / %	实际用量 / g	制作计算
高筋面粉	100		1. 应用面团总量：
干酵母	1		
改良剂	0.3		
盐	1		2. 实用面团总量：
糖	20		
黄油	10		3. 面粉总量：
奶粉	4		
鸡蛋	10		4. 其余各原料量：
水	50		
（总量）	196.3		

任务反思

面包制作过程中，一次发酵法和二次发酵法在工艺上的主要区别是什么？

任务 5.2 面包原料知识

任务目标

知识：1. 了解面包原料的选用原则。

2. 熟知影响酵母发酵的因素。

能力：1. 根据所学知识，分析出面包出现质量问题的原料因素。

2. 根据所学知识，正确选择面包生产的主、辅料。

知识学习

一、基本原料

面粉、酵母、盐和水被称为面包工业的四种基本原料，它们的作用无可替代，是形成面包的基础。

（一）面粉

面粉是构成面包的主要原料，面粉中蛋白质、淀粉及酶的性能和质量是决定面包质量的关键因素。

1. 蛋白质

面粉中蛋白质总量的 80% 以上是麦胶蛋白和麦谷蛋白，这两种蛋白与水结合后形成面筋。面筋的网络结构如骨骼一样，使面包具有良好的保持气体的能力。麦胶蛋白和麦谷蛋白共同赋予了面团良好的弹性和延伸性，使面包制品更加松软多孔。

蛋白质在高温、高压、过度搅拌、强酸、强碱等因素影响下，其组织结构被破坏，导致其理化性质的改变，这种变化称为蛋白质的变性作用。蛋白质变性后，失去吸水能力，溶解、胀润作用降低，面团的弹性和延伸性消失，直接影响面团的工艺性能。

2. 淀粉

淀粉占面粉总重的 65%~70%，以淀粉粒的形式存在。当蛋白质与水结合形成面筋时，淀粉自然地填充到面筋网络中，形成稳定的组织结构。

常温下淀粉不溶解于水，当水温达到 53 ℃以上时，在高温作用下淀粉溶胀、分裂成具有黏性的糊状溶液，这种现象称为淀粉的糊化。不同的淀粉糊化温度不同，同一种淀粉，颗粒大小不同，糊化温度也不一样，颗粒大的先糊化，颗粒小的后糊化。

影响面粉糊化的因素主要有以下三点：

（1）淀粉的种类和颗粒的大小。

（2）食品中的含水量。

（3）高浓度的糖可降低淀粉的糊化程度；脂类物质能与淀粉形成复合物降低糊化程度；食盐的含量也会影响淀粉的糊化温度。

3. 酶

面粉中重要的两种酶——淀粉酶和蛋白酶，直接影响到面粉的性能和质量，对面包的体积和颜色影响很大。因此，对于酶的研究尤为重要。

（1）淀粉酶。在淀粉酶水解作用下，部分淀粉水解产生麦芽糖、葡萄糖、糊精等物质。

淀粉的这种性质在面包发酵、烘烤、抗老化及营养等方面均具有重要意义。淀粉酶能够改善面包的结构、风味、色泽，可以增大面包体积。一般专用面包粉中都会加入一定量的淀粉酶，来提高面粉质量。

（2）蛋白酶。面粉中蛋白酶的含量较少。蛋白酶可以水解蛋白质，从而降低面筋网络结构性能，使面团软化，甚至液化。在面包制作的过程中，加入一定量面包改良剂，其中的碘酸盐、溴酸盐、过硫酸盐等氧化剂均可抑制蛋白酶的活性，从而改善面团的烘焙性能，达到制品要求。

（二）酵母

酵母作为产气物质，其性能直接影响面包的各项指标。

酵母在面包中有以下作用：

1. 膨松与扩展功能

酵母发酵产生大量的二氧化碳，这些气体被面筋网络包裹，形成酥松多孔的结构，面包体积膨松变大。伴随着发酵的进行，气体量不断增加，面筋需要不断延展，从而形成了柔软细腻的面包组织。

2. 增加面包的营养价值

酵母的主要成分是蛋白质，必需氨基酸含量较高，特别是谷物中较为缺乏的赖氨酸含量高，改善了面包蛋白质的利用率，提高了营养价值。

3. 赋予面包特有的香味

酵母在发酵过程中，产生了乙醇及多种醇、醛类物质，这些物质赋予了面包特有的发酵和烘焙风味。

（三）盐

盐的用量虽小，却不可或缺。面包的配方中可以没有糖、没有油脂，但不能没有盐。

盐在面包中有以下作用：

1. 增强面筋

盐可使面团质地紧密、富有韧性。盐可以改善面筋的组织结构，提高其保持气体的能力。

2. 调节发酵速度

盐的渗透压对发酵有抑制作用。面包制作过程中，可以通过改变盐的用量来调节发酵速度。

3. 改善面包品质

适量的盐，可以改善面包的组织结构，制品成熟后表皮香脆、口感细腻。

4. 增加风味

盐可以提升其他原料的风味。

（四）水

1. 水在面包中的作用

（1）蛋白质吸水形成面筋网络；淀粉吸水糊化，形成稳定的结构。

（2）溶剂作用。

水能溶解各种原辅料，使它们充分混合，形成均匀的面团。

（3）充当反应介质。

水作为介质为各种生物活动提供载体，保证了各种生化反应的正常进行。

（4）调节作用。

水可以调节面团的温度、软硬度。

（5）延长制品的保鲜期。

水可以推迟淀粉老化，有效延长保质期。

2. 面包用水的选择

面包用水，首先要达到国家食品卫生标准要求，满足饮用水的条件。其次，水的 pH 略小于 7 为好，最好在 5 ~ 6。再次，面包用水的硬度范围为中硬水。

二、辅助原料

（一）糖

糖在烘焙食品中应用广泛，赋予制品更多的可能。

（1）作为甜味物质，赋予制品香甜的味道。

（2）为酵母发酵提供能量，有助于酵母的生长繁殖和发酵产气。

（3）焦糖化反应，使面包产生金黄的色泽。

（4）糖具有吸水性和持水性，能保持面团柔软湿润，改善制品口感。

（5）糖的渗透压可抑制微生物生长，提高防腐能力，延长制品保质期。

（6）提高制品营养价值。

（二）油脂

油脂可润滑面筋网络，使网状组织更加柔软并富有弹性，从而使制品口感柔软润泽，延长面包保鲜期。面包常用油脂有起酥油、面包专用奶油、面包专用液体起酥油等。

（三）鸡蛋

鸡蛋富含营养，是天然的乳化剂，在面包中有以下作用：

（1）提高面包的营养价值。

（2）能使制品疏松多孔、体积膨大。

（3）增加面包的色、香、味。

（4）使面包口感细腻、柔软，延长产品保质期。

（四）乳及乳制品

乳及乳制品是烘焙食品重要的辅料，特别是牛乳，营养素含量高、质量好，是人类的最佳保健食品。面包中常用的乳及乳制品有牛乳和奶粉等。

牛乳及其制品在面包中有以下主要作用：

（1）提高制品营养价值。

（2）改善面团持气能力，提高面团的发酵耐力。

（3）改善面筋性能，提高搅拌耐力。

（4）使面包口感细腻、柔软。

（5）提高面团持水能力，延缓制品老化。

（6）使面包具有奶香味道。

（五）面包改良剂

面包改良剂是指可改善面团加工性能，使面包柔软、有弹性，并有效延缓面包老化的食品添加剂。面包改良剂一般是由乳化剂、氧化剂、酶制剂、无机盐等组成。

面包改良剂有以下作用：

（1）改善面筋网络结构，提高面团持气能力，增大制品体积。

（2）改善面团组织性能，使制品柔软细腻而不失弹性和韧性。

（3）氧化漂白面粉中的色素物质，改善制品颜色。

（4）延缓制品老化，延长制品货架寿命。

（5）对于机械化生产而言，可易于操作，提高工作效率。

能力培养

了解面包生产中常用油脂的特性，总结其在面包制作中的作用及应用范围。

任务反思

比较分析添加了改良剂的面包和没添加改良剂的面包在组织结构、口感、体积等方面的区别。

任务 5.3　搅 拌 工 艺

任务目标

知识：1. 了解面团搅拌的目的。

　　　2. 掌握面团搅拌的投料顺序。

能力：1. 能正确区分面团搅拌的六个阶段，熟知各个阶段的现象。

　　　2. 懂得影响面团搅拌的因素，将理论与实践相结合。

知识学习

面团搅拌俗称调粉、和面，是将原辅料依照配方，按照一定的投料顺序，调制成具有一定加工性能的面团的操作过程。

一、面团搅拌目的

面团搅拌的目的有以下三点：

（1）各种原辅料均匀地混合在一起，形成质量均一的整体。

（2）加速面粉吸水、胀润形成面筋的速度，缩短面团形成时间。

（3）扩展面筋，使面团具有良好的弹性和延伸性，改善面团的加工性能。

二、面团搅拌过程

1. 原料混合阶段

此阶段又称初始阶段、拾起阶段。在这个阶段，配方中的干性原料与湿性原料混合，形成粗糙湿润的面块（图 5-3-1）。此时的水分吸收不完全，面团无弹性、无延伸性、发黏、易散落。在这一阶段要能准确判断出面团的软硬，并以此为依据调节面团加水量。

图 5-3-1　原料混合阶段

原料混合阶段要求搅拌机在低速挡位，此阶段主要的目的是将原料混合均匀，形成干湿适宜的面团，如果搅拌机转速过高，可能造成原料飞溅出搅拌缸，也可能造成干性原料没有充分混合即与水结合成面团，严重影响产品质量。

2. 面筋形成阶段

此阶段又称卷起阶段，此阶段搅拌机应在中、高速挡位。在这一阶段，配方中的水分已经全部被面粉等干性原料均匀吸收，使面团逐渐成为一个整体，粗糙程度下降，组织结构变得均匀（图 5-3-2）。面团不再附着在搅拌缸的缸壁和缸底，表面湿润。此时用手触摸，面团仍会发黏，用手按压，面团较硬且缺乏弹性，如果用手撕扯，面团容易断裂。

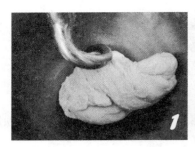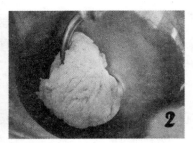

图 5-3-2 面筋形成阶段

3. 面筋扩展阶段

随着搅拌的继续，杂乱无章的蛋白质分子逐渐相互连接，形成了长的、有序的、完整的网状结构，面筋初步形成，但还不稳定。面团不再那么坚硬，有少许松弛，表面趋于干燥，且有光泽。用手触摸，面团柔软有弹性，黏性减小。用手拉展面团能够形成薄膜，但薄膜厚薄不均，且粗糙、易破裂，裂痕边缘呈锯齿形（图 5-3-3）。

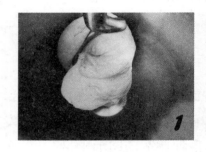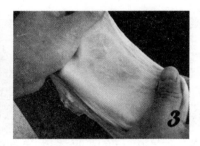

图 5-3-3 面筋扩展阶段

4. 面筋完全扩展阶段

此阶段又称搅拌完成阶段、面团完成阶段。此时面筋已充分扩展，具有良好的延伸性。面团表面干燥、细腻、光滑，有良好的弹性和延伸性，柔软且不粘手（图 5-3-4）。

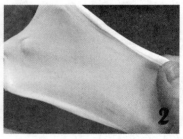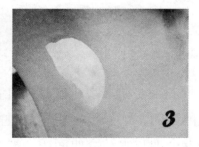

图 5-3-4 面筋完全扩展阶段

面筋完全扩展阶段，是大多数面包生产的最佳阶段。此阶段面团变化迅速，如继续搅拌，数十秒后，面团弹性、韧性开始下降，黏性大增。精准地把握这一阶段面团的变化，才能生产出优质的面包，感官判断与经验分析是目前行业中常用的辨别方法。一般来说，面团搅拌到适当程度，可用双手将其拉展成玻璃纸样的薄膜，厚薄均匀，光滑完整。如果用手弄破薄膜，断面平滑、整齐。对于一些特殊的品种，如硬面包，因其特殊的口感要求，在面筋还未充分扩展时便结束搅拌；又如丹麦起酥面包，为了便于后续的开酥过程，在面筋形成阶段即停止搅拌。常见面包的面团搅拌最佳程度见表 5-3-1。

表 5-3-1 常见面包面团搅拌程度要求

品种	面团适当程度
丹麦起酥面包	面筋形成阶段
冷藏发酵面包	面筋扩展阶段
主食面包、花式面包	面筋完全扩展阶段
汉堡包	搅拌过渡阶段

5. 搅拌过渡阶段

在搅拌完成阶段后，如果继续搅拌，面团明显变得柔软且弹性不足，黏性和延伸性过大。过度的机械作用使面筋开始断裂，内部水分溢出，表面再度出现含水的光泽，最后面团黏附缸壁，流变性增加（图 5-3-5）。

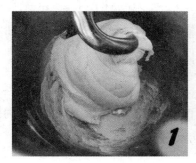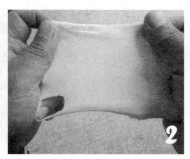

图 5-3-5 搅拌过渡阶段

6. 破坏阶段

如若继续搅拌，面团结构完全被破坏，水化加重，表面很湿，非常黏。面团灰暗无光泽，逐渐成为带有流动性的半固体状态，完全丧失弹性。面筋遭到强烈破坏而断裂，网络结构消失（图 5-3-6）。搅拌到这个程度的面团，已不能用于制作面包。

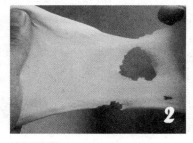

面团搅拌

图 5-3-6 破坏阶段

三、影响面团搅拌的因素

1. 面粉质量

一般来说，面筋含量越高，形成面团的时间越长，软化越慢。

2. 加水量

加水量的多少直接影响面团的软硬程度，水分少，面团的卷起时间短，面粉颗粒不能充分的水化，面团较硬。在面筋扩展阶段，强大的外力作用使面筋易于断裂，用这样的面团做出来的面包品质较差。相反，如果水分过多，卷起时间延长，由于很难做出准确的判断，所以容易将面筋打断。在实际生产中要综合考虑油脂等辅料对吸水量的影响。

3. 面团温度

面团温度低，卷起时间短，扩展的时间相对延长；温度高，卷起的时间较长，如果温度超过标准太多，面团会失去良好的伸展性和弹性，卷起后无法达到扩展的阶段，严重影响面包的质量。

4. 搅拌机速度

搅拌机的速度对搅拌和面筋扩展的时间影响很大，快速搅拌的面团卷起时间短，面团搅拌后的性质较好。使用面筋含量很低的面粉时，应避免高速搅拌，以免打断面筋。慢速搅拌所需卷起的时间较长，如果面筋特强的面粉用慢速搅拌，面筋将无法达到完成阶段。在面团搅拌的初期和加入油脂的初期，应使用慢速搅拌。

5. 面团搅拌的数量

每种搅拌机都有一定的负荷力，搅拌时，面团量过多或过少都会影响搅拌的时间，原则上，投入面团的量应占搅拌缸体积的 30% ~ 60%。

6. 配方的影响

如果柔性原料过多，卷起时间较长，搅拌的时间也相应延长；如果韧性原料过多，卷起时间较短，面筋的扩展时间也短。

四、面团搅拌时投料顺序

下面以一次发酵法为例，说明面包搅拌时的投料顺序。

（1）将过筛的面粉与奶粉、即发干酵母、改良剂投入搅拌缸混合均匀。

（2）将糖、蛋、水混合液倒入搅拌缸，慢速搅拌至所有原料混合成团，改为中速搅拌。

（3）当面团达到面筋扩展阶段时加入盐，如果盐加入得过早，会延长面团的搅拌时间。

（4）随后慢速加入油脂，搅拌至面筋完全扩展。如果油脂较硬，需要提前软化。

能力培养

实践项目：面团搅拌

观察并记录面包制作过程中搅拌桨速度的变化，总结出搅拌桨速度对面包品质的影响。观察面团搅拌的六个阶段，记录下每个阶段面团的变化。

一、实践准备

3 ~ 5 人一个小组，每个小组准备照相机、录像机各一部，记录表若干。

二、实践过程

1. 教师准备一次发酵法吐司面包料一份。
2. 教师演示面团的搅拌过程。
3. 同学们按照各自的任务进行观察，并做好记录。

三、实践结果

1. 小组讨论，整理记录结果，填入表 5-3-2 中。

表 5-3-2　记　录　表

面团搅拌阶段	搅拌桨速度选择	面团外观	面团手感
原料混合阶段			
面筋形成阶段			
面筋扩展阶段			
面筋完全扩展阶段			
搅拌过渡阶段			
破坏阶段			

2. 将观察结果写在下面。

搅拌桨速度对面团品质的影响：

任务反思

简述面团搅拌完成的最佳状态。

任务 5.4　发 酵 工 艺

任务目标

知识：1. 了解面团发酵的目的。

2. 掌握面团发酵工艺。

能力：1. 能明白面团的发酵原理，会计算发酵损耗。

2. 懂得影响面团发酵的因素，会运用理论解决实践中的问题。

知识学习

面团发酵是一个复杂的生化反应过程，简单地说，发酵是酵母在适宜的环境下生长繁殖释放出二氧化碳气体，使面团膨胀、体积增大，形成疏松多孔的网络组织的过程。

一、发酵目的

发酵是面包制作过程中第二个关键环节，主要目的如下。

（1）使酵母在面团中大量地生长繁殖，产生足够的二氧化碳气体。

（2）使面筋松弛，增强面团保持气体的能力；促进氧化，使面团变得柔软伸展，便于后续操作。

（3）通过一系列生化反应，产生足够的芳香物质，使烘焙后的面包具有良好的风味。

二、发酵原理

面团的发酵过程主要是酵母生长与繁殖的过程。

（一）酵母生长繁殖

酵母的生长繁殖离不开糖和氮源，糖为酵母的繁殖提供能量，如果面团中缺少糖类，发酵便不能很好地进行。酵母利用氮源来合成自身细胞。

（二）糖的转化

酵母只能利用单糖，所以面团中的其他糖类如淀粉、蔗糖、麦芽糖等，必须在淀粉酶、麦芽糖酶、蔗糖酶等作用下分解转化为单糖，才能供酵母吸收利用。

（三）风味物质的形成

面包酵母是典型的兼性厌氧型微生物，其特点是在有氧和无氧条件下都能生活。在养分、氧气充足的条件下，酵母呼吸旺盛，细胞增长迅速，能很快地将糖分解为二氧化碳和水，同时产生热量。剧烈的呼吸作用使面团体积不断增加，同时面团内的氧气越来越少，此时酵母在氧气不足的情况下进行无氧发酵，在酶制剂的作用下产生乙醇、乳酸和二氧化碳，同时产生少量的能量。

有氧呼吸：

葡萄糖 + 氧气——二氧化碳 + 水 + 能量（在酶的催化下）

无氧发酵：

葡萄糖——乳酸 + 少量能量（在酶的催化下）

葡萄糖——乙醇 + 二氧化碳 + 少量能量（在酶的催化下）

随着无氧发酵的进行，面团中的乳酸和乙醇浓度逐渐增加并发生酯化反应，生成多种芳香类物质，烘焙后形成面包特有的风味。

三、影响发酵的因素

1. 温度的影响

温度是影响酵母发酵的重要因素，当温度在 26～28 ℃时，酵母吸收养分，生成大量孢芽，繁殖速度最快。面包生产中正是利用这一特性，来大量补充酵母，满足后续发酵产气所需。

2. pH

面团的 pH 直接影响酵母的产气性、面团的持气性及面包的体积。面团的 pH 在 4～6 时面包酵母活性最佳，面团的持气性也非常好。在实际生产中，要注意保持设备及工具清洁，防止杂菌滋生，影响面团的酸碱度。

3. 糖的影响

酵母的生长繁殖，需要葡萄糖、果糖等单糖提供能量。面团中的蔗糖以及部分淀粉，可被酵母中的活性酶分解为葡萄糖和果糖，为酵母发酵提供能量。

4. 渗透压的影响

介质渗透压的高低，对酵母活性影响较大。高浓度的糖、盐、矿物质溶液都具有较高的渗透压，直接影响酵母的活性，抑制酵母的发酵。在这方面，干酵母优于鲜酵母，有较强的适应能力。

一般主食面包中糖的含量不超过 6%，主要是因为糖的含量超过 6% 时，便会抑制发酵。糖的含量超过 7% 的面包，可以选用耐糖性高的高糖酵母，以便产品质量不会受到影响。盐的浓度达到 1% 时，对发酵速度便有一定影响。

四、发酵工艺

1. 发酵温度、湿度

理想的醒发条件为温度 26～28 ℃、相对湿度 70%～75%。

2. 发酵时间

面团发酵时间受工艺过程、酵母、糖等原料的用量和搅拌程度等因素的影响，通常情况下，二次发酵法鲜酵母用量在 3% 的中种面团，发酵时间一般在 4 h 左右。一次发酵法的面团，搅拌完成后即进入基础醒发。面团在基础醒发的过程中，面筋得到充分扩展，延伸性能得以改善，有助于面包的口感和形态的形成。基础醒发最好在醒发箱中进行，时间较二次发酵法短。

3. 面团发酵成熟度的判断

发酵适度的面团称为成熟面团；未到成熟度的面团称为嫩面团；发酵过度的面团称为老面团。成熟的面团，柔软而有弹性，伸展性好，组织内气泡细微均匀，表面比较干燥。

4. 鉴别面团发酵成熟度的方法

（1）回落法。面团在发酵过程中出现中间部分往下回陷的状况时，基本可以判断是面团已经成熟的表现。

（2）手触法。用手指轻触面团，手指离开后面团能够保持原状，既不回弹也不下落即表示面团发酵成熟；如果手指离开后，面团马上弹回，表示面团尚未发酵好，属于嫩面团；手指离开后，面团很快下陷，表示面团已经发酵过头，属于老面团。

（3）拉扯法。通常是扯开面团，观察组织内气泡大小和多少、膜和网的薄厚，如内部组织呈丝网状即为成熟面团，无丝则发酵不足，丝过细且拉扯后即断裂则发酵过度。

（4）嗅闻法。从扯开的组织中嗅闻气体味道。有略带酸味的酒香为成熟面团；如酸味太大，则可能过熟；未熟的面团扯开时，气泡分布不均，网状组织也很粗，面团表面潮湿发黏。

五、发酵成熟度对面包品质的影响

1. 发酵成熟

面包体积大，内部组织均匀，气孔壁呈半透明的薄膜状，口感松软，富有酒香及脂香（图 5-4-1）。

2. 发酵不足

面包体积相对较小，内部组织粗糙、不均匀，口感风味均欠佳（图 5-4-2）。

　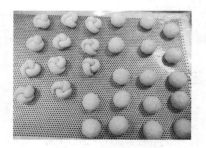

图 5-4-1　发酵成熟　　　　　图 5-4-2　发酵不足

3. 发酵过度

面包表面光滑度不够，严重的会有气泡产生，在烤箱内受热后急速膨胀，体积较大，出炉后即塌陷、收缩，气孔大且不均匀，有很大的酸味，表皮易褶皱、无光泽（图 5-4-3）。

图 5-4-3　发酵过度

发酵时间不能一概而论，要根据面团用料配比、搅拌程度、制作工艺、环境条件等诸多因素来确定。有经验的面包师会通过观察胀发的体积、面团的弹性等来判断发酵完成的程度。面包质量与发酵程度直接相关。发酵时要使面团的产气量与持气力达到最佳范围，这时，做出的面包体积最大，内部组织、颗粒状况及表皮颜色都非常良好。

六、发酵损耗

在发酵过程中，酵母生长繁殖，将糖分解为二氧化碳、酒精及各种有机物质，伴随着这些物质的挥发，面团的重量相应减少，这一现象称为发酵损耗。

发酵损耗的计算公式：

发酵损耗（%）= 搅拌面团重量 - 发酵后面团重量 / 搅拌面团重量 ×100%

能力培养

实践项目：鉴别面团成熟度

一、实践准备

为每位同学准备一块搅拌过程中的面团。

二、实践过程

1. 分发给每个同学一块搅拌程度不同的面团，并做好记录。
2. 要求同学们采用回落法、手触法、拉扯法、嗅闻法鉴别面团的成熟度。

三、实践结果

将最终鉴别结果填写在下面。

回落法：

手触法：

拉扯法：

嗅闻法：

四、实践评价

教师根据记录检测学生的检验结果，并总结点评。

任务反思

温度是影响面团发酵的主要因素之一，在生产实践中，应该如何控制面团发酵的温度呢?

任务 5.5 整 形 工 艺

任务目标

知识：1. 了解面包整形的过程。

    2. 熟悉中间醒发的条件及要求。

能力：1. 会双手搓圆。

    2. 掌握面包成型的基本方法。

知识学习

整形是把经过基础醒发的面团，做成一定形状的面包坯的过程，包括分割、搓圆、中间醒发、成型、装盘（装模）、醒发等工序。

一、分割

分割是指通过称量将大面团分割成所需重量的小面团的过程。分割重量是制品重量的110%。分割的方式有手工分割和机械分割两种。手工分割是通过称量，将大面团分割成重量相等的小面团。手工分割对面筋的损伤较小，适用于筋力较小的面团。机械分割是由机器将大面团分割成体积相同的小面团的过程。

二、搓圆

搓圆又称滚圆，是将分割好的面团，通过手工或机械揉搓成圆形的过程。

手工搓圆的要领是用五指握住面团，掌根向前推进的同时四指并拢，指尖向内弯曲，左手向左，右手向右移动画圆，手掌内的面团跟着手的运动而反复转动，直到面团呈光滑的圆球状（图 5-5-1）。

搓圆是排除发酵过程中产生的大气泡、改善面团性能的过程，同时在面团外面形成一层新的表皮，以保留住继续产生的气体。搓圆后面团表皮光滑，内部组织均匀细腻，便于进行整形操作。

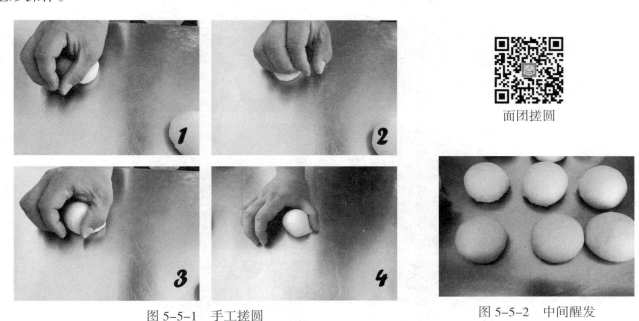

面团搓圆

图 5-5-1　手工搓圆

图 5-5-2　中间醒发

三、中间醒发

中间醒发是指面团搓圆后到成型前的这段时间，一般为 15～20 min，具体时间要看当时的气温和面团的松弛状态（图 5-5-2）。中间醒发一般要求在醒发箱内进行，如采用快速发酵法，可在室内进行，注意在面团表面盖上塑料膜防止表面干燥结皮。如在醒发箱内进行，要求醒发箱相对湿度为 70%～75%，温度为 27～29 ℃。

中间醒发的目的：使紧张的面团得以松弛，恢复柔软性和延伸性，便于成型；酵母吸收养分大量繁殖，为后续的发酵储备能量；调整面筋，增加面团持气力。

经过中间醒发，面团体积有所膨胀。如醒发不足，面团延展性不好；醒发过度，造型时会因气体过多难于操作。

四、成型

成型是通过包、擀、卷、搓、切、扭、编、割（图 5-5-3）等动作对面团进行成形的操作过程，有直接成型和间接成型两种方法。

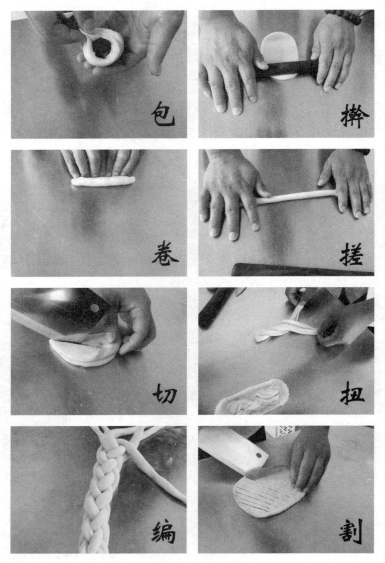

图 5-5-3　面包成型方法

五、装盘（装模）

将已经成型的面包生坯放入烤盘或模具中，准备进入下一道工序。

吐司等面团装模时常见方法有横向装模法、编辫子式装模法、螺旋式装模法等。不同的装模方式烤出来的面包纹理不同（图 5-5-4）。

装盘的注意事项：

（1）清洁烤盘、烤模。

（2）提前在烤盘或烤模内涂油。

图 5-5-4　吐司装模成品效果

（3）注意烤模与面包坯的比例大小要适合。

（4）装盘时注意制品间距，间距过大，面包颜色过重；间距过小，胀发后面坯容易彼此粘连变形，甚至不能完全成熟。

（5）同一烤盘的面包大小一致，性质相同。

（6）必须将面团的卷逢处朝下，防止烘烤后裂开。

六、醒发

醒发也称最后醒发或最后发酵，是整形后的面团在醒发箱（室）内进行醒发的过程。此阶段可以弥补基础醒发的不足。醒发的目的是使整形后的面团松弛、柔软，同时完成酵母的最后发酵（图 5-5-5）。

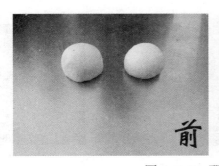

图 5-5-5　醒发前后对比

（一）醒发条件

1. 温度

最后醒发的理想温度在 35 ~ 43 ℃，视具体品种而定，一般不超过 40 ℃。起酥类面包因含油脂较多，为了防止油脂熔化，醒发时温度应控制在 23 ~ 32 ℃。如果温度过高，面团内外的发酵速度不同，导致面包内部气泡分布不均匀；同时，过高的温度会使面团表皮的水分蒸发过快，出现结皮现象。温度过低，发酵时间过长，面团内部会有杂菌滋生，同时面团易坍塌，严重影响产品的风味及形状。

2. 湿度

最后醒发的相对湿度在 80% ~ 90%，通常情况下，以 85% 为最佳。在面团的最后醒发阶段，湿度对面包形状、外观等影响较大。湿度不够，面团表面因水分蒸发过快而干燥结皮、失去弹性，烘烤时无法膨胀，成品达不到理想的体积。相对湿度过大，生成的水珠或水滴过多或过大，落在薄如蝉翼的面包表皮上，会出现跑气甚至坍塌等现象，严重影响面包的外观。

3. 时间

控制好醒发时间是醒发过程的关键。面包品种不同，醒发时间各异。优秀的面包师由于多年的经验，对醒发时间能控制得恰到好处。

醒发时间不足，面包发酵不完全，气泡不足以让组织松软，烤出的面包体积小；因发酵不充分所以糖有剩余，烤出的面包表皮硬且颜色深。

醒发时间过长，面团内气泡大且不均匀；长时间的醒发使糖消耗过多，烤出的面包颜色浅、酸味重、口感差；长时间的醒发，面团膨胀超过面筋的延伸程度时，面团易塌陷，烘烤时有炉内收缩现象。

（二）醒发标准

通过观察面包体积的膨胀度来判断醒发的程度。当面团体积膨大到原来的 3～4 倍，或面团体积占据模具的 80% 左右时为最佳醒发状态。个别面包需要醒发程度较低或较高，操作时须视品种而定。

（三）醒发的注意事项

醒发时要注意以下四点：

（1）可通过开关调节醒发箱内的温湿度。

（2）在醒发箱内烤盘应由上及下依次摆放，遵循先入、先出、先烤的原则。

（3）醒发过程中，不可反复开关醒发箱门。

（4）取送烤盘时必须轻拿轻放，不得震动和碰撞（图 5-5-6）。

图 5-5-6　震动烤盘时面包被破坏

能力培养

实践项目：手工搓圆练习

一、实践准备

每人准备一块面团。

二、实践过程

1. 练习双手搓圆，把握搓圆要领。

2. 开展"比一比"活动，看看谁搓得又快又好。

拓展阅读

任务反思

如果面团搅拌不足，在最后醒发阶段该如何补救？

任务 5.6 烘烤与冷却包装

任务目标

知识：1. 了解面包成熟原理。

2. 知道面包冷却的方法、包装的意义。

3. 掌握面包烘烤过程中各个阶段的特征。

能力：1. 能找出面包体积和颜色不佳的原因。

2. 能根据实际情况，正确选择烘烤温度。

知识学习

烘烤，又称烘焙、焙烤，是面包生坯在高温干热的作用下逐渐熟化的过程。

一、烘烤原理

面包在烤箱内受热成熟的过程就是热量传递的过程，烤箱内加热主要有加热管的热辐射、烤盘的热传导和炉内热空气的对流三种方式。

烤箱下火也称底火，下火通过烤盘将热量传递给制品，热量传递快而且强，对制品的膨胀及松发程度有很大影响。下火过大制品底部易焦煳，下火过小制品易坍塌。

> **烘焙小贴士**
>
> 法棍等硬质面包烘烤时必须通入蒸汽，炉内保持一定的湿度。

烤箱上火也称面火，主要是通过辐射和对流传递热量，对制品的定型及上色有一定的作用。烘焙中若上火过大，制品定型过早，涨发效果不好，易出现外焦内生的情况；上火过小，烘焙时间过长，水分损失过多，口感干硬、粗糙，颜色浅淡。

炉内湿度受炉温、炉门封闭效果、制品数量等因素影响。炉内湿度主要来源于制品蒸发的水汽，有的烤箱带有自动加湿器，可以自行调节烤箱内的湿度。炉内保持一定湿度，制品上色好、有光泽；炉内过于干燥，制品的色泽及光泽都要受到影响；炉内湿度过大，制品表皮过厚且不光滑。

二、烘烤过程

整个烘烤过程大致分为以下四个阶段（图 5-6-1）：

1. 烘烤急胀阶段

生坯送入烤箱 5 ~ 6 min。此时，面团内部温度在 60 ℃以下，酵母的发酵作用仍在继续，产气量剧增。同时，内部气体受热体积迅速变大。烤箱火候要求为面火 120 ~ 160 ℃、底火 180 ~ 220 ℃。

2. 定型阶段

当温度上升到 60 ℃以上时，酵母停止活动，淀粉糊化附着在凝固的面筋网状中，制品基本定型。

面包烘烤

图 5-6-1　面包烘烤的四个阶段

3. 表皮颜色形成阶段

生坯进入烤炉后，表皮迅速失水干燥，形成白色的薄皮层。当温度达到 150 ℃以上时，面团内发生羰氨反应（也称美拉德反应）及焦糖化反应，产生芳香的物质，生成诱人的颜色。烤箱火候要求面火 180 ~ 220 ℃、底火 200 ℃，时间 5 ~ 10 min。

4. 烘烤完成阶段

上火维持在 180 ~ 220 ℃、底火调至 180 ℃，至面包均匀上色，内部组织完全成熟，需 5 ~ 10 min 时间。

三、面包在烘烤过程中的变化

1. 面包在烘烤过程中内部组织的变化

（1）烘烤初期表皮的形成。面包刚进烤箱时表面温度在 30 ℃左右，遇热后水分冷凝成水珠附着在表面。随着温度的升高，水珠汽化，表面干燥，形成白色的薄皮层。

表皮形成的同时，随着热量的传导，内部温度不断上升，短时间内表皮下的温度接近 100 ℃，温度成外高内低的梯度分布，热量由外向内传递。面包中水呈外低内高的梯度分布，水分子由内向外扩散，并在表皮下形成蒸发层（因温度接近 100 ℃）。伴随着烘烤的进行，面包内部温度不断上升，淀粉吸水糊化，蒸发层的水越来越少，当面包表皮温度超过100 ℃时，便会干燥成无水的面包壳（吸潮回软后称为面包皮）。

（2）烘烤后期面包囊形成。伴随着烘烤的进行，热量不断向内传递。由于面包皮的阻挡作用，以及内部淀粉糊化，往外扩散的水越来越少，当面包内部温度不断升高时，蛋白质开始变性，淀粉糊化和蛋白质变性，凝固成蜂窝状组织，最终形成面包囊。

2. 面包烘烤过程中生物、化学变化

（1）微生物学变化。面包刚入烤箱时，因面团温度低于 50 ℃，酵母有个旺盛的产气过程，然后，随着温度的上升，酵母活性降低，直到死亡。这个过程约为 5 min。

酸性微生物活性变化主要为乳酸菌，一般各部位温度超过 60 ℃时，微生物全部死亡。

（2）生化反应。各种淀粉酶、蛋白酶发生钝化，失去活性。淀粉糊化分解成糊精和麦芽糖。糊精结合大量水分，是形成淀粉凝胶并构成面包松软口感的重要因素。面筋蛋白变性，释放部分结合水，形成面包蜂窝或海绵状组织。

（3）成色反应。

美拉德反应：当温度达到 150 ℃时，面包成分中的蛋白质、氨基酸等与糖、醛类物质发生反应，形成由灰至金黄的颜色。

焦糖化反应：糖类在高于 180 ℃后形成焦糖色。

这两种反应使面包在烘烤后具有诱人的色泽。

（4）香味的产生。面包烘烤后产生独特的风味，这些风味物质主要来源于酵母发酵以及成色反应时形成的醇类、酸类、酯类物质。

3. 面包在烘烤过程中体积和重量的变化

（1）面包烘烤时体积增大的原因。酵母发酵产生的二氧化碳、水、醇、酸、醛类物质受热膨胀或汽化，淀粉糊化膨胀，使面包体积增大。

（2）影响面包体积增大的因素。

前期发酵状况：包括酵母活力，面团持气性，醒发状态。

烘烤初温：烘烤初期炉温适宜，如果温度太高，面包表皮形成过快，不利于体积继续膨胀。

烘烤湿度：保持烤箱内有一定的湿度，湿热的空气可以润湿面包表皮，否则易破裂。

（3）烘烤后面包重量变化。面包烘烤后，重量会损失 10%～12%，称为烘烤损耗。损失的主要物质及比例为水分 95%、乙醇 1.5%、二氧化碳 23.3%、挥发性酸 0.3%、乙醛 0.08%。

四、面包的冷却包装

（一）面包的冷却

刚出炉的面包温度高，表皮脆性大、内部柔软、弹性差，无法进行切片或包装，因此，要将面包进行冷却。

1. 冷却标准

中心温度在 32 ℃左右，整体水分含量在 40% 左右。

2. 冷却条件

面包在温度为 22～26 ℃，相对湿度 75% 的环境中冷却效果较好。

3. 冷却方法

目前常见的冷却方法有自然冷却、通风冷却、真空冷却等。

无论采用哪种冷却方法，都要在迅速降低面包温度的同时，防止水分的过多蒸发，确保面包的柔软度。

> **烘焙小贴士**
>
> 　有些人觉得刚出炉的面包新鲜、爽口。其实，面包本身的风味要在完全冷却后才能品尝出来。发酵食品不宜于成熟后马上食用，如果发酵还在继续，食后易引起胃病。

（二）面包的包装

为了保证面包的品质及卫生要求，冷却后的面包应该及时包装。面包常用的包装材料有纸质、塑料类等。包装材料应符合食品卫生标准，无毒、无臭、无味、密封性能良好。

能力培养

实践项目：观察面包烘烤过程中的变化

一、实践准备

烤箱中正在烘烤的面包。

二、实践过程

1. 到实验室观察正在烘烤的面包。
2. 记录下面包在烘烤过程中随着时间、温度的变化，体积和颜色发生哪些变化。

三、实践结果

将记录的结果填写在表 5-6-1 中。

表 5-6-1　面包烘烤中的变化

面包	时间 /min	温度	体积	颜色
	5 10 15 20 30			

任务反思

要想使面包体积、颜色、味道均达到最佳，烘烤过程中应注意哪些问题？

任务 5.7　面包老化与品质鉴定

任务目标

知识：1. 熟悉面包发生老化时的直接现象。

2. 懂得影响面包老化的因素。

能力：1. 能正确判断面包的老化程度。

2. 能够采用合理方法延缓面包老化。

3. 能对面包出现的质量问题做出正确判断，并给出合理化建议。

知识学习

新鲜的面包柔软细腻、香甜可口，食后使人回味无穷。但是，存放一段时间后，面包会由软变硬、弹性下降、易掉渣、风味变劣，这种显著的变化就是面包老化。

一、面包老化的现象

1. 水分的变化

面包内水分的蒸发对其老化有直接影响。未经包装的面包会损失 10% 的重量，而有包装的面包，则会损失 1%~2% 的重量。面包内的水分越多，保持组织柔软的时间越久。

2. 内部组织变化

小麦面粉中的淀粉在烘烤成面包时，发生了糊化反应，由不可溶变成可溶，使面包组织柔软细腻。出炉冷却后，面包内部的水分逐渐转移至表皮并蒸发。吸水糊化的淀粉失去水分，恢复不可溶性，面包组织弹性降低，失去柔软度，逐渐硬化。

3. 表皮的变化

面包在烘烤过程中，表皮大量失水，形成光滑脆硬的壳。面包出炉冷却后，内部组织的水分会向表皮转移，使得原本干酥、新鲜的表皮逐渐变得质软、强韧。

4. 风味的变化

面包在发酵和烘烤过程中产生的醇、醛、酯类物质均具有挥发性，刚出炉时，赋予了面包极佳的烘烤香味，随着时间的延长，芳香物逐渐挥发，麦香减少，甜味和咸味降低，而酸味逐渐凸显出来，使得面包品质越来越差。

二、影响面包老化的主要因素

面包老化是一种复杂的现象，是所有成分共同作用的结果。

1. 面包的成分

不同的面粉制成的面包，存放过程中，老化的速度是不同的。面粉的种类不同，组成成分各有差异。通常情况下，直链淀粉含量较高的面包容易发生老化。支链淀粉含量较高的面包不太容易发生老化。

大部分能促进水分吸收的物质，通常都有抑制老化的作用。油脂可减缓老化的速率，改善面包的风味。乳化剂利用其保水性，直接减缓老化。此外，高蛋白面粉可促进内部组织软化，成品面包体积较大。

2. 加工过程

加工过程影响内部组织的软化程度，尤其在面团扩展和发酵阶段，扩展和发酵阶段控制较好的面团，可保留较多的水分，延缓面包老化。

3. 温度

面包的各种老化现象均与温度有直接关系。当环境温度在 –7 ~ 10 ℃时，内部组织硬化加速，表皮由脆开始变硬，风味流失，面包快速老化 。当环境温度在 20 ℃以上时，老化进展缓慢。超低温环境中，各种老化逐步停止。所以短时间储存面包应在常温下进行，长时间储存面包最好将其放到冷冻室中。

4. 包装

包装会影响面包水分、外皮质地及香味。未包装的面包较易损失水分及香味，但内部组织质地仍很好。包装了的面包可以维持松软的质地，尤其在温热时包装，吃起来口感较好，但外皮易软化。

三、延缓面包老化的措施

面包的老化是物质自然退化的过程，人们只能研究出多种措施最大限度地延缓面包老化，却不能彻底阻止。

1. 温度控制

温度与面包老化有直接关系。加热和冷冻都可延缓面包老化，延长货架寿命，但在实际生产中都有弊端。如果将面包存放在 30 ~ 60 ℃环境中，对面包保持柔软有明显效果，同时，会使面包损失部分水分和香味，易腐败变质。冷冻法存放时，要将温度降到 –20 ℃以下，才能防止过快老化，而且降温和解冻要迅速短时完成，因此耗能较大，不易操作。

2. 成分控制

通过合理选择原料，控制面包成分的方法可延缓面包老化。高筋面粉制作的面包，蛋白质含量高的面粉吸水量较多，老化速度较慢，同时淀粉含量较少，受到淀粉老化的影响相应减小。添加支链淀粉比例大的面粉均有延缓老化的效果，如添加黑麦粉、玉米粉、糊精、大豆粉等。在面包中添加的辅料，如糖、蛋、油脂、乳制品等都有延缓老化的作用。在面包改良剂中含有的 α - 淀粉酶、乳化剂、氧化剂等成分，可有效地改善面包品质，增加贮藏时间。

四、面包品质鉴定

由于受地区、原料、工艺配方、设施设备等因素的影响，各个国家、各个地区生产的面包质量各不相同，很难制定一个统一的品质评价标准。通常将按照基本的流程生产加工的、符合公认标准的、具备良好品质的面包作为评判依据。目前，国际上采用的面包品质鉴定评比方法是由美国烘焙学院设计的，主要从面包的外观和内部品质两方面去评判。

（一）面包外部品质鉴定

面包外部的品质鉴定一般从体积、表皮颜色、形态、烘焙均匀度、表皮质地五个方面进行，共计 30 分。

1. 体积

面包由生到熟的过程，必须经过一定程度的膨胀。体积膨胀过大，会影响内部的组织，使面包多孔且过于松软；体积膨胀不够，组织紧密，颗粒粗糙。通常以体积比来评判面包的膨胀程度，体积比指制品体积与制品质量的比值，优质面包的体积比为 4.5 ~ 6。

2. 表皮颜色

大多数面包表皮颜色金黄，顶部较深，四边较浅，无焦煳或烘焙不足现象。少数面包如全麦面包，麻薯面包等因配方中使用了全麦粉和麻薯粉等原料，使制品表皮呈现出原料特有的颜色。通常硬包的颜色比软包的颜色要深一些。表皮颜色的正确与否不但影响面包的外观，同时反映出面包的品质。

3. 形态

面包的式样不仅仅是花色品种的体现，也是面包质量的体现。一般要求面包成品的外形端正，大小一致，体积适中，无白色腰线。

4. 烘焙均匀度

针对面包表皮的全部颜色而言，上下及四边必须均匀，一般顶部应呈金黄色，四周应较浅。

5. 表皮质地

良好的面包表皮应该薄而柔软，不应该有粗糙破裂的现象，一般而言，配方中油和糖的用量太少会使表皮厚而坚韧，发酵时间过久会产生灰白而破碎的表皮，发酵不够则产生深褐色、厚而坚韧的表皮。烤箱的温度也会影响表皮质地，温度过低会造成面包表皮坚韧而无光泽，温度过高则表皮焦黑且龟裂。

（二）面包内部品质鉴定

面包内部的品质鉴定一般从颗粒状况、内部颜色、味感、组织与结构等四个方面进行，共计 70 分。

1. 颗粒状况

面包内部的颗粒状况要求细小均匀、无不规则的大气孔，有弹性和柔软度，切片时无大颗粒。

2. 内部颜色

面包内部颜色要求呈洁白色或浅乳白色，撕开可见 20% 左右丝样组织。

3. 味感

味感，即气味和味道，是面包品质鉴定中很重要的一项。面包的香味是由表皮和内部共同产生的。优质面包具有面包特有的香味及发酵后产生的酒香。面包的味道是由原料以及馅料共同决定的，入口时应有面包特有的味道，各种原材料以及馅料的味道，不能有酸味、霉味、油味或其他怪味。

4. 组织与结构

面包的组织结构与颗粒状况相关。通常检验时切开面包，掉落的面包屑较少，切片处组织均匀，孔洞细小，无大气洞，无大颗粒，手触柔软、细腻，则组织结构良好。

五、面包常见问题及纠正方法

1. 体积过小

面包体积过小的原因及解决办法见表 5-7-1。

表 5-7-1 面包体积过小的原因及解决办法

原因		解决办法
酵母	用量不足	增加酵母用量
	失去活性	注意酵母存储温度及保质期
	活性受到抑制	适当降低糖、盐的用量，调节发酵温度
面粉	面筋筋力不够	使用蛋白质含量在 12% 以上的高筋面粉
	生产日期太近	选用研磨加工时间超过一个月的面粉
搅拌	搅拌过度	减少搅拌时间或改用低速搅拌
	搅拌不足	增加搅拌时间或改用高速搅拌
辅料	糖太多	减少糖的用量（面团过软，抑制酵母活性）
	改良剂	增加改良剂用量
	盐不足或过量	盐的用量在 1% ~ 2% 为宜
醒发	醒发不足	延长醒发时间，冬季提高醒发温度

2. 组织粗糙

面包内部组织粗糙的原因及解决办法见表 5-7-2。

表 5-7-2　面包内部组织粗糙

原因	解决办法
面粉品质不佳	选用蛋白质含量 12% 以上的高筋面粉
面筋不足	充分搅拌使面筋完全扩展
面团太硬	增加水或其他湿性材料
搓圆或造型松散	整形过程中排出老气，使组织紧密
醒发过度	减少醒发时间或适当降低醒发温度
酵母过量	减少酵母用量
油脂不足	增加油脂用量以润滑面团
撒粉太多	减少干粉用量

3. 表皮颜色过深

面包表皮颜色过深的原因及解决办法见表 5-7-3。

表 5-7-3　面包表皮颜色过深的原因及解决办法

原因	解决办法
糖的用量过多	减少糖的用量
炉温过高	根据实际情况调整炉温
炉内湿度不足	中途喷洒水或选用可调节湿度的烤炉
烘烤过度	减少烘烤时间
醒发不足	延长发酵时间，体积胀发充足

4. 表皮过厚

面包表皮过厚的原因及解决办法见表 5-7-4。

表 5-7-4　面包表皮过厚的原因及解决办法

原因	解决办法
醒发时间过长	减少醒发时间
醒发湿度不足	醒发湿度提高到 85%
炉温低烘烤时间长	适度调高炉温，减少烘烤时间
炉内湿度不足	中途喷洒水或选用可调节湿度的烤炉
烘烤过度	减少烘烤时间
油脂、糖、奶不足	提高油脂、糖、奶的比例

5. 面包下陷

面包在烘烤时下陷的原因及解决办法见表 5-7-5。

表 5-7-5　面包在烘烤时下陷的原因及解决办法

原因	解决办法
面粉品质不佳	选用蛋白质含量 12% 以上的高筋面粉
面筋不足	充分搅拌使面筋完全扩展
改良剂不足	使用可提高面筋的改良剂
盐不足	增加盐的用量
醒发时间过长	提高酵母用量，提高醒发室温度
醒发过度	醒发至 85% 左右即可烘烤
移动时震动过大	醒发后要轻拿轻放
油脂、糖、水太多	减少用量，使面团软硬适度

6. 保鲜期不长

面包保鲜期不长的原因及解决办法见表 5-7-6。

表 5-7-6　面包保鲜期不长的原因及解决办法

原因	解决办法
面粉不佳	选用高筋优质面粉
搅拌不当	充分搅拌使面筋完全扩展
醒发不当	控制醒发的温度、湿度和时间
面团过硬	增加水的用量，提高面团的含水量
撒粉太多	减少干粉的使用量
油脂、糖不足	增加油脂、糖的比例
烘烤时间过长	恰到好处地烘烤，成熟即离炉
炉内水汽不足	中途喷洒水或选用可调节湿度的烤炉
包装不当	冷却至室温后进行包装
无包装	必须包装或放置在容器、设备内
腐败变质	添加防腐剂

能力培养

小李同学制作的面包体积过小、表皮过厚，请分析小李在操作中可能出现的问题，并给出补救的办法。

任务反思

设计一份面包品质鉴定评分表。

项 目 小 结

项目 5 小结见表 5-1。

表 5-1　项目小结表

	任务	知识学习	能力培养
5.1	面包基础	面包的概念、特点、分类 面包工艺流程 烘焙基本计算 面团温度的控制	小李同学想按表 5-1-5 配方制作甜面包 30 个，每个成品重 50 g，请帮他求出每种原料用量，并将计算过程及结果填写在表格内
5.2	面包原料知识	基本原料 辅助原料	了解面包生产中常用油脂的特性，总结其在面包制作中的作用及应用范围
5.3	搅拌工艺	面团搅拌目的 面团搅拌过程 影响面团搅拌的因素 面团搅拌时投料顺序	1. 观察并记录面包制作过程中搅拌桨速度的变化，总结出搅拌桨速度对面包品质的影响 2. 观察面团搅拌的六个阶段，记录下每个阶段面团的变化
5.4	发酵工艺	发酵目的 发酵原理 影响发酵的因素 发酵成熟度对面包品质的影响 发酵损耗	鉴别面团成熟度
5.5	整形工艺	分割　　　　搓圆 中间醒发　　成型 装盘（装模）醒发	手工搓圆练习
5.6	烘烤与冷却包装	烘烤原理 烘烤过程 面包在烘烤过程中的变化 面包的冷却包装	观察面包烘烤过程中的变化
5.7	面包老化与品质鉴定	面包老化的现象 影响面包老化的主要因素 延缓面包老化的措施 面包品质鉴定 面包常见问题及纠正方法	小李同学制作的面包体积过小、表皮过厚，请分析小李在操作中可能出现的问题，并给出补救的办法

项 目 测 试

一、名词解释

1. 面包：_____

2. 一次发酵法：_____

3. 二次发酵法：_____

4. 中种面团：_____

5. 主面团：_____

6. 烘焙百分比：_____

7. 摩擦升温：_____

8. 面团搅拌：_____

二、选择题

1. 鉴别面团成熟度的方法主要有（　　）。

A. 回落法　　　　　B. 手触法　　　　　C. 拉扯法　　　　　D. 嗅闻法

2. 整个烘烤过程可分为（　　）。

A. 烘烤急胀阶段　　　　　　　　　B. 体积形成阶段

C. 表皮颜色形成阶段　　　　　　　D. 烘烤完成阶段

3. 鸡蛋在面包中应用较多，主要作用有（　　）。

A. 富含营养，提高面包的营养价值　　B. 能使制品结构疏松多孔、体积膨大

C. 增加面包的色、香、味　　　　　　D. 是天然的乳化剂，促进组织细腻柔软，延长保质期

4. 水在面包中的作用（　　）。

A. 溶剂作用　　　　B. 充当反应介质　　　C. 调节作用　　　D. 延长制品的保鲜期

5. 面包按颜色可分为（　　）。

A. 白面包　　　　　B. 褐色面包　　　　　C. 全麦面包　　　　D. 黑麦面包

6. 烘焙损耗包括醒发、烘焙、冷却等过程中的损耗，一般为（　　）。

A. 10%　　　　　　B. 8%　　　　　　　C. 15%　　　　　　D. 13%

7. 醒发标准按传统经验是当面团体积膨大到原来的 3～4 倍，或面团体积占据模具的（　　）。

A. 60%　　　　　　B. 70%　　　　　　C. 75%　　　　　　D. 80%

8. 一次发酵法面团适用水温的计算公式为（　　）。

A. 适用水温 =（3× 面团理想温度）–（室温 + 粉温 + 摩擦升温）

B. 适用水温 =（4× 面团理想温度）–（室温 + 粉温 + 摩擦升温）

C. 适用水温 =（2× 面团理想温度）–（室温 + 粉温）

D. 适用水温 =（2× 面团理想温度）–（室温 + 摩擦升温）

9. 面包生产中常用油脂有（　　）。

A. 起酥油　　　　　B. 黄油　　　　　C. 面包专用液体起酥油　　　D. 猪油

10. 面包常用的冷却方法有（　　）。

A. 自然冷却　　　　B. 通风冷却　　　C. 真空冷却　　　　　　　　D. 烤箱内冷却

三、判断题

（　　）1. 面包酵母是典型的兼性厌氧型微生物，其特点是在有氧和无氧条件下都能生活。

（　　）2. 中间醒发要求醒发箱相对湿度 70%～75%，温度 27～29 ℃。

（　　）3. 成型就是将面团通过擀、压、包、卷、折、摔、切、割、扭转等手法，按成品形态要求制作成形的操作过程，有直接成型和间接成型两种。

（　　）4. 醒发也称中间醒发，是将整形后的面团摆放于烤盘内送入醒发箱（室）内进行醒发的过程。

（　　）5. 观察面包体积膨胀效果来判断醒发的程度，传统经验是当面团体积膨大到原来的 2 倍；或者面团体积占据模具的 80% 左右时即可，个别面包需要醒发程度较低或较高，操作时须视具体品种而定。

（　　）6. 理想的醒发温度为 27 ℃、相对湿度为 75%。

（　　）7. 发酵适度的面团称为成熟面团，未到成熟度的面团称为嫩面团，发酵过度的面团称为老面团。

（　　）8. 面包用水首先要达到国家食品卫生标准的要求，满足饮用水的条件。其次，水的 $pH \geq 5$，水的硬度为硬水。

（　　）9. 面包加冰量 = 配方总水量 ×（自来水水温 – 适用水温）÷（自来水水温 + 80）

（　　）10. 英国面包以复活节十字面包和香蕉面包而闻名。

四、综合分析

1. 面包制作工艺中有哪些步骤需要考虑温度的影响？

2. 对比分析一次发酵法、二次发酵法在搅拌工艺、发酵工艺上的区别。

酥类、饼类制作工艺

　　小李是酒店西餐饼房的负责人，这次他们承接了某公司年庆的冷餐会，为了出色地完成任务，他们忙了整整一天，做出了精美的甜点、玲珑的饼干、可爱的巧克力等，琳琅满目。为了万无一失，小李让大家把每样点心都品尝一下，大部分制品都完美无缺，当品尝到曲奇饼干时，在场的人都惊出一身冷汗，本应酥脆的饼干却十分干硬。制作曲奇饼干的员工赶紧找寻原因，在大家共同努力下，这道点心总算完美登场。

　　酥点看似简单，实际操作难度很大，要认真做好每一步，才能确保产品质量。

　　西式面点中的酥点、饼干在冷餐会、酒会、自助餐会上都有广泛的应用，酥点尤其是清酥的制作复杂而严谨，稍有不慎就会造成制品的缺陷甚至失败。

任务 6.1 混酥制作工艺

任务目标

知识：1. 了解混酥的特点。

2. 知道混酥在原料选择及配方上的要求。

3. 掌握混酥制作的步骤及注意事项。

能力：能找出混酥制品出现的质量问题，并能正确处理。

知识学习

油酥类制品在西式点心中主要有混酥与清酥两大类。混酥类点心是以面粉、油脂、鸡蛋、糖等为主要原料，以牛奶、盐、果仁等为辅料，混合搅拌成团，经成型、烘烤等工艺制成的一类点心。混酥制品口感酥脆，没有层次感。

一、混酥制品原料选用原则

1. 面粉

在混酥的制作中，主要选用低筋小麦面粉，个别品种也有用中筋小麦粉的，但不能用高筋粉，面筋过多会影响制品的松酥性。

2. 砂糖

在混酥的制作中，一般选用白砂糖或糖粉。糖可以增加制品的甜度，又因糖的反水化作用可以使制品产生松酥的口感。

3. 食盐

盐用于加强产品的风味，添加量很少。

4. 鸡蛋

它在混酥点心中的功能与水相同，起韧性作用，使面团光洁、滋润，同时也增加了产品的色泽和香味。

5. 膨松剂

膨松剂一般选择小苏打、碳酸氢铵、泡打粉，可以增大产品的体积，也有松酥制品的作用。

6. 油脂

油脂决定着制品的酥脆度。混酥制品既要具有良好的酥脆性，还要有完美的形状，因此用熔点较高的硬油脂较好。黄油、人造黄油、起酥油和含 100% 油脂的猪油都是制作混酥制品的理想选择。

7. 水

水的用量较少，主要起到加强面皮韧性的作用。

二、混酥制品原料配比及工艺流程

1. 配方比例

混酥制品原料配方比例见表 6-1-1。

表 6-1-1　混酥制品配方比例

配料	重量 /g	烘焙百分比 /%
低筋面粉	400	100
糖	80	20
黄油	220	55
鸡蛋（蛋黄）	40	10
水	80	20
盐	4	1

2. 工艺流程

准确称量→和面→冷却→成型→烘烤→装饰。

三、混酥制品主要工艺环节

1. 和面

首先，将油脂与糖粉充分混合至糖粉完全溶化，其次，分次加入蛋液搅拌均匀，然后，加入奶及其制品混合均匀，最后，加入过筛的面粉，叠拌均匀即可（不可过分地揉面，防止产生面筋）。

2. 整形

混酥类点心的成型方法很多，主要有手工成型、裱注成型、模具成型。

（1）手工成型。将和好的面团分割成均等的剂子，通过搓、揉、捏、压等手法对面团造型（图 6-1-1）。

（2）裱注成型。将调好的面团或面糊装入裱花袋，通过挤、注、拉等手法进行造型（图 6-1-2）。

（3）模具成型。操作时先将面团擀成约 0.5 cm 厚的均匀面片，然后用模具卡出需要的形状（图 6-1-3）。

图 6-1-1 手工成型

图 6-1-2 裱注成型

图 6-1-3 模具成型

3. 烘烤

混酥类点心烘烤的温度范围在 180 ~ 200 ℃，操作时需根据制品的大小、厚薄灵活掌握。

> **烘焙小贴士**
>
> 面团的起酥原理：首先，糖具有很强的吸水性，会迅速吸收面团中的水分，从而限制了面粉吸水形成面筋。其次，面粉颗粒被油脂包裹，同样阻止了面粉吸水。再加上膨松剂的作用，使得混酥制品具有松、酥、脆、香的效果。

四、混酥制作的注意事项

1. 面团温度要低

酥性面团调制时应以低温为主，一般控制在 22 ~ 28 ℃。油脂含量过多的面团对高温不适应，温度过高，油脂软化，无法操作。一般气温高时可使用冰水来降低面团的温度。

2. 投料顺序要合理

调制酥性面团，首先将糖、油、水、蛋、香料等辅料充分搅拌均匀，然后再拌入面粉，制成软硬适宜的面团。这样面粉可以在一定浓度的糖油环境中胀润，防止面粉直接与水接触，形成面筋。

3. 严格控制糖油的比例

有些油酥点心配方中油、糖含量很高，这类面团在调制过程中极易软化，特别是在温度较高的环境中操作，更容易出现这种情况。这就要求在面团达到工艺要求时，立即停止搅拌。

4. 调制时间要合理

实际操作中，软面团比较容易起筋，故调制面团的时间不宜过长。硬的面团要适当增加调制时间，否则会松散不成块，无法进行下道工序。

5. 尽量控制面筋的生成量

酥性面团是以控制蛋白质水化来达到酥松效果的。在实际生产中，余料（面头子）不可避免地转入下次制作中。这些面头子经过长时间调制，面筋要高得多。因此，面头子与新面团的比例要适当，一般应控制在 1/10 ~ 1/8。

6. 静置时间要短

久置不加工或加工时间过长，面团温度升高，使得本来就与面粉颗粒结合得不是很好的油脂游离出来，产生"吐油"现象。随着油脂外渗，内部的水分乘虚而入，与面团中的蛋白质结合生成面筋，从而产生面团调制中极难解决的缩筋现象。因此，酥性面团一旦调制好后必须马上进入下道工序。

五、混酥制品常见问题及原因

混酥制品常见问题及原因见表 6–1–2。

表 6–1–2　混酥制品常见问题及原因

问题	原因
松酥性差	面粉筋力大 搅拌过度或时间过长
松酥性差	油脂用量过少 鸡蛋的量不足 膨松剂使用不当或量太少
松散不成型	水分过多 面粉筋力过小 油脂用量过少或质量不好 烤箱温度不合理 膨松剂使用不当 反复揉搓面团

能力培养

小李制作的曲奇饼干口感干硬，请分析小李失败的原因，并给出合理化建议。

任务反思

烤箱温度对混酥制品有哪些影响？

任务6.2　清酥制作工艺

任务目标

知识：1. 了解清酥的特点。

2. 知道清酥在原料选择及配方上的要求。

3. 掌握清酥的开酥方法及操作要领。

能力：能找出清酥制品出现的质量问题，并能正确处理。

知识学习

清酥点心又称层酥点心，国外称为帕夫点心，因层次清晰、造型美观而备受青睐。与混酥类不同的是，清酥类面团是由水油面和油酥面两块面团组成的。

一、清酥制品原料选用原则

1. 面粉

面粉是制作清酥的主要原料，为了使产品达到标准的体积和正确的式样，水油面必须选用高筋面粉（蛋白质含量在 11% 左右）。因为高筋粉所含的面筋较多，质地良好，弹性大，韧性好，可以承受住擀制时的反复抻拉以及烘焙时水汽所产生的张力，确保在裹入高熔点的油脂时不会轻易破坏层次。油酥面可以选用中低筋粉，这样既便于形成酥的口感，又可防止因面团筋力过强而使制品回缩变形。

2. 油脂

选择熔点高、可塑性好的油脂，最好是使用黄油或片状麦淇林。无水酥油不理想，因为没有水蒸气来帮助产品膨胀，但水分含量太多的也不行，烘烤过程中如蒸发不完会残留在面皮内，使成熟的清酥饼内夹有不熟的胶质。油脂要求含水量不能超过 18%，熔点在 40 ℃以上。

3. 盐

盐的加入可以增加产品的风味，添加量在 1% 左右，如使用含盐油脂，配方中可不加盐或少加盐。

4. 蛋

一般在清酥类点心进入烤箱前，在制品的表面刷上一层蛋液，可以增加颜色和香味。

5. 水

水能够调节面团的柔软度，使得面筋充分扩展，加入量依面粉的质量、油脂的硬度、季节的变换、品种的特点而定，一般加水量为 50% ~ 55%。

6. 糖

面团中加入适当的糖粉，可以增加成品的色泽，一般用量在 3% ~ 5%。

二、清酥制品配方比例

清酥点心配方主要涉及油脂与面粉比例的关系，一般水油面中油脂占面粉量的 10% 左右，油酥面油脂与面粉的比例在 1：1 ~ 2：1。清酥制品由于特点不同、装饰料和馅料不同，配方也不尽相同，实践中要灵活掌握。

清酥点心基本配方比例如表 6-2-1 所示。

表 6-2-1　清酥点心配方比例

水油面		油酥面	
用料	质量 /g	用料	质量 /g
高（中）筋粉	500		
酥油	50	低筋粉	500
糖	30	片状麦淇淋	950
盐	10		
水	300		

三、清酥制品工艺流程

清酥制品工艺流程见图 6-2-1。

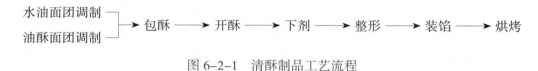

图 6-2-1　清酥制品工艺流程

四、清酥制品主要工艺环节

1. 面团调制

（1）水油面团的调制。首先将面粉过筛，与盐、糖、油一起拌匀，然后缓慢地加水和匀，用湿布盖上醒制 15 min 左右。

（2）油酥面团的调制。将油脂与面粉用搓擦的方法和匀、擦透，整理成方形放入冰箱冷藏（图 6-2-2）。

图 6-2-2　油酥面团调制

2. 包酥的方法

包酥方法有很多种，下面介绍最常用的两种。

（1）包裹法：将水油面滚圆，用刀在上面割一个"十"字形裂口，深度为面团高度的 1/2，再用面棍从四角往外擀，使面团中间厚四周薄，然后把油酥面压成四方形，放在上面，将四个角叠回，放入冰箱松弛 20 min，这样就完成了包酥（图 6-2-3）。

（2）擀叠法：首先将水油面擀成长方形的面片，厚度约 1 cm。然后把油酥面压扁，擀成光滑的长方形，大小等于面皮的 1/2。接下来把油酥面放在面皮上，盖住面皮一侧的 1/2，再把面皮没有油酥面的部分折起来，四周捏紧，封口严实（图 6-2-4）。

3. 开酥方法

开酥一般选择折叠的方法，可以采用三折或四折法。

开酥做法：将已包油的面团放在撒有干粉的案台上，用面棍从中央向两边擀开，用力要均匀，擀成长方形面片，扫除面上的干粉，这样可以将它往回叠，如三折或四折，叠好后放入冰箱冷藏 20 min，冷藏的目的是防止油脂熔化出现混酥现象，同时使刚刚拉伸的面团得以松弛，防止制品回缩，方便操作。取出冷藏好的面团重复上述操作两到三次即可（图 6-2-5）。

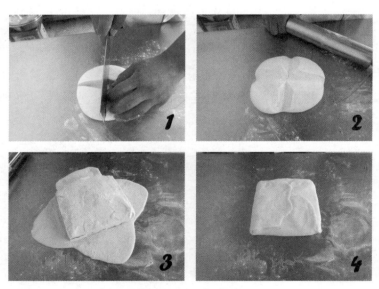

图 6-2-3　包裹法

图 6-2-4　擀叠法

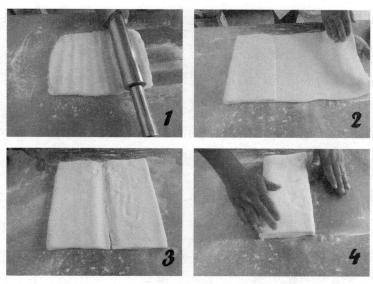

图 6-2-5　开酥过程

4. 整形

将松弛好的面团取出，放在案台上（如果面团在冰箱内放置的时间过长，会因面团过硬难于成形，须室温回软），均匀擀开（厚薄为 0.2～0.3 cm），切割（刀具、模具要锋利）成需要的形状，进行包、卷、叠等成形操作（图 6-2-6）。

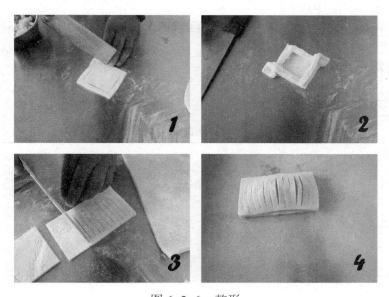

图 6-2-6　整形

5. 烘烤

为了突出清酥制品清晰的层次，成熟时须高温烘烤，烤箱有蒸汽设备最好，如果没有可以在烤盘上洒点水。烤炉的温度应在 220 ℃左右，等完全膨胀了再改为中火，170 ℃左右继续烘烤，产品达到金黄色即可出炉（图 6-2-7）。

图 6-2-7　烘烤成熟

五、清酥制品起酥原理

由于面团中的面皮与油脂有规律的相互隔离所产生的层次，在进炉受热后，水油面团产生大量水蒸气，水蒸气滚动形成的压力使各层间不断膨胀，而湿面筋形成的面筋网络薄膜能够保留住空气，并随着空气的胀力而不断膨胀。在烘烤过程中，随着温度的升高，水分不断蒸发，水油面层逐渐炭化、变脆，油酥面中的油脂熔化渗入面中，形成又酥又松的酥皮，同时油脂像"绝缘体"一样将水油面层层隔开，这是清酥独有的特点。

六、清酥制作的注意事项

制作清酥时，要注意以下事项。

（1）水油面团与油酥面团的软硬度尽量一致，这样在擀制折叠时不会破酥。

（2）开酥时要在面团及案板上撒少许干粉；擀制力度要均匀，方向要向前，如果用力过猛会出现油脂外漏等破酥现象；每次擀开面团时厚度不能低于0.5 cm，防止粘连混酥。

（3）开酥时动作要快，时间过长，面团内的油脂会变软甚至熔化，难于继续操作。

（4）完成开酥的面坯可以作为半成品在低温下保存，需要用的时候解冻即可，冷藏备用时要用保鲜膜封闭严实，防止风干开裂。

（5）制品在烤盘内应留出膨胀空间，避免受热后互相粘连。

（6）在开酥过程中，面皮如果有气泡，可以使用小牙签点扎排出气体。

七、清酥制品常见问题及原因

清酥制品常见问题及原因见表6-2-2。

表6-2-2 清酥制品常见问题及原因

问题	原因
制品层次不清晰，有出油、漏油现象	1. 水油面和油酥面的软硬度不一致 2. 油脂的可塑性差 3. 制作时间过长，面团温度升高过快 4. 成型时模具、刀具不够锋利 5. 面粉筋力太低

能力培养

1. 尝试一下用一把钝刀去切分清酥面皮，看看断层处出现了什么现象，烘烤后制品有什么特点。

2. 小李同学制作的清酥点心混酥了，请结合所学知识，分析小李可能出现失误的环节，并给出合理化建议。

任务反思

比较混酥与清酥在制作方法上的异同。

任务 6.3　饼干制作工艺

任务目标

知识：1. 了解饼干的特性及原料。

　　　2. 掌握饼干搅拌以及成型的基本方法。

能力：1. 能对饼干的质量问题做出正确判断。

　　　2. 懂得烘烤对饼干质量的影响。

知识学习

饼干是以小麦面粉为主要原料，加入（或不加）糖、油及其他辅料，经调粉、成形、烘烤制成的水分含量不低于 6.5% 的松脆食品。饼干品种繁多，每一种饼干都有自己独有的特性。

一、饼干原料选用原则

1. 小麦面粉

饼干因不需要面筋，所以一般选用中筋或低筋小麦粉。在制作过程中，面粉、淀粉需过筛处理。这样可以避免有颗粒产生，同时还能使面粉当中充入一定量的空气，有利于制品膨松。

2. 淀粉

如果小麦面粉的筋力过高，可以添加一定量的淀粉来降低面筋，一般选用玉米淀粉，也可以选用小麦淀粉。

3. 糖类

糖在饼干中主要起到反水化作用，阻碍水与面粉融合，防止形成过多的面筋。在增加色泽、赋予美味的同时，还起到松酥的作用。糖粉和糖浆在饼干生产中应用较多。

4. 油脂

油脂在饼干中也起到了反水化的作用，在降低面筋的同时使制品更加酥香。起酥油、奶油、人造奶油、植物油甚至猪油在饼干中都有应用。

5. 膨松剂

饼干的膨松主要应用化学膨松剂，如小苏打和碳酸氢铵等，一般用量为面粉量的 1% 左右。

6. 盐

盐在赋予饼干基础咸味的同时能够有效提升其他风味，同时在韧性饼干中能够有效地增加面团筋力和韧性。

7. 香料

建议使用天然香料，同时注意添加量必须符合国家规定范围。

8. 其他

为了更好地改善产品风味，不断推出新产品，在饼干的工艺中还经常使用到各种乳及乳制品、巧克力及其制品和各种干果等。搭配时要做到味道相辅相成。

二、饼干的特性

（一）脆度

脆度与配方中柔性物质的含量有直接关系，柔性物质少则脆度高，柔性物质多则脆度低。

影响饼干脆度的因素有以下四点：

（1）与面团中水分含量成反比。

（2）与面团中糖、油含量成正比。

（3）烘焙时间长，水分蒸发多，脆度增大。

（4）体积越小，烘焙后脆度越高。

（二）柔软度

影响饼干柔软度的因素有以下五点：

（1）与面团中的水分含量成正比。

（2）与面团中的油、糖成反比。

（3）蜂蜜、糖浆等原料可以增加饼干的柔软度。

（4）与烘焙时间成反比。

（5）与烘焙体积成正比。

（三）延展性

影响饼干面团延展性的因素有以下六点：

1. 糖

糖的含量高可以增加面团的延展能力，糖的颗粒越大，延展能力越强。

2. 膨松剂

面团中添加了膨松剂有利于面团的延展。

3. 乳化效果

油、糖混合时，乳化越充分面团的延展性越好。

4. 温度

低温有利于面团的延展，温度过高面团很快定型，不利于延展。

5. 液体含量

稀面糊的延展性比干面糊要好。

6. 面粉筋力

面粉筋力越强，越影响面团的延伸。

三、饼干的搅拌方法

饼干的搅拌方法和蛋糕的搅拌方法基本类似，有混合法、乳化法和海绵法三种。

（一）混合法

所谓混合法是将所有原料一次性混合搅拌，适用于制作富有嚼劲的饼干，如冰箱伯爵饼干。

制作步骤：

（1）准确称量原料，将所有原料放置在室温环境中。

（2）将所有原料放入搅拌缸内，使用桨状搅拌桨低速搅拌，混合均匀即可。如发生粘缸粘桨现象时须停机，把附着的面糊刮下。

（二）乳化法

这种方法与制作奶油蛋糕的方法类似，因饼干使用的液体较少，所以不必分多次加入液体和面粉。

制作步骤：

（1）准确称量原料，并将所有原料放置在室温环境中。

（2）将黄油、糖、盐和香辛料放入搅拌缸内，用桨状搅拌桨低速搅拌。对于质轻的饼干，乳化至近乎发泡状，这样充入的气体较多，利于烘烤时受热膨胀。对于质地较密实的饼干，仅需轻度乳化，黄油颜色变浅、发白即可。

（3）加入鸡蛋和其他液体，低速混合。

（4）加入过筛的面粉和膨松剂，拌匀即可。

（三）海绵法

此方法适用于质地细腻的饼干，不适于大批量生产。

制作步骤：

（1）准确称量原料，并将所有原料放置在室温环境中，如室内温度过低，可以将鸡蛋温水浴热。

（2）将鸡蛋（全蛋、蛋黄或蛋清）及糖打发，蛋清打发至软性发泡，全蛋或蛋黄打至浓稠发泡状。

（3）加入配方中的其他原料，混合均匀即可，不可过度搅拌。

四、饼干面团类型

饼干由于配方原料及比例不同，形成的面团性质也不一样，主要有韧性面团和酥性面团两种。

（一）韧性面团

1. 特点

糖油含量比较低，调粉时易形成面筋。产品口感松脆，胀发效果好，产品组织呈细致的层状结构。工艺上可以延展操作，适合各种模具造型。

2. 基本工艺

面团调制→面团滚扎→成型→烘烤→冷却。

3. 原料配比

原料配比见表6-3-1。

表6-3-1　韧性面团原料百分比及搅拌温度

原料	烘焙百分比/%	搅拌温度/℃
面粉	100	
糖	30	
油	20	30～40
水	20	

4. 投料顺序

面粉、糖、水调匀→加油搅匀→揉至面团光滑→静止醒面30 min。

5. 判断标准

面团光滑柔软，揉搓不发黏，手按面团能自动复原。

（二）酥性面团

1. 特点

酥性面团适合挤注和手工造型，面团较软，具有可塑性和黏弹性。

2. 原料配比

原料配比见表6-3-2。

表6-3-2　酥性面团原料成分百分比及搅拌温度

原料	烘焙百分比/%	搅拌温度/℃
面粉	100	
糖	30～50	
油	40～50	20～25
水	3～5	

3. 投料顺序

油糖乳化→蛋、乳、水混合→面粉叠拌均匀→冷藏备用。

4. 判断标准

面团柔软细腻，不粘手，手捏可以成型。

五、饼干的成型

饼干的成型方法很多，西餐面点上应用的主要有以下六种（表 6-3-3）。

表 6-3-3　饼干成型方法

中文	对照英文	中文	对照英文
挤注法	bagged	擀制法	rolled
冷藏法	icebox	压模法	molded
滴落法	dropped	模板法	stencil

（一）挤注法

将搅拌好的面团装入裱花袋内，然后挤出需要的形状。此种方法适用于较软的面团，如曲奇饼干等。

制作步骤：

（1）准备适当大小的花型裱花嘴、裱花袋，将饼干面糊装入其中。

（2）根据产品需要，挤注适当大小的饼干面糊于烤盘纸上。

（3）入炉烘烤。

（二）擀制法

当饼干面团较硬时，需要先将面团擀成片状，然后再切割成型。

制作步骤：

（1）将面团彻底冷却。

（2）将面团擀成 0.5 cm 厚的均匀薄片（擀制时尽量少用干粉）。

（3）用饼干切割器将面片切割成所需的大小和形状，放入烤盘进炉烘烤。

（三）滴落法

滴落法适用于软面团，当面糊中混合有坚果、巧克力等可以阻塞裱花嘴的原料时，使用裱花袋会很难成型，这时可以选择用小勺来均匀分剂成型。

制作步骤：

（1）选择大小适合的勺子。

（2）将饼干面团用勺子均匀分取，滴落在烤盘纸上，保留适度的延展空间。

（四）压模法

此法适用于造型和带图案的饼干。

制作步骤：

（1）将面团搓成粗细均匀的条，用快刀将面条分成均等的若干份。

（2）按制品需要对每个剂子造型，可以在剂子上压出图案，也可做其他装饰。

（3）放入烤盘进炉烘烤。

（五）冷藏法

这种饼干面团可以提前做好，冷藏备用，随时取用。此种方法适合复杂造型饼干。

制作步骤：

（1）准确称量面团，均等分配。

（2）根据品种要求可将面团搓成直径2～3 cm的条。

（3）用保鲜膜将面团包裹后放入冰箱冷藏。

（4）取出面团，根据制品特点切取均匀的面片。

（5）造型后放入烤盘入炉烘烤。

（六）模板法

此方法适用于软面团或面糊面团。

制作步骤：

（1）烤盘内铺好烤盘纸，放入模板。

（2）在模板内摊上面糊或面团。

（3）提起模板，重复操作。

（4）烘烤成熟。

烘焙小贴士

　　无论采用哪种成型方法，饼干的大小和厚薄应一致，在烤盘内位置分布要均匀，饼干与饼干之间要留出适度的膨胀空间。因为饼干烘焙的时间很短，如体积差距很大，会出现产品火候不均、质量不一的状况。

　　如需要用坚果、干果、水果点缀装饰时，应在烘烤前进行。如果面团变硬后再放入，烘烤后会脱落。

六、烤盘的要求

制作饼干时，对烤盘的要求有以下三点：

（1）烤盘干净平整。

（2）烤盘内最好铺烤盘纸。

（3）油脂含量很高的饼干可以直接放在烤盘上烘烤。

七、烘烤的要领

制作饼干时，要注意以下五点烘烤要领：

（1）饼干烘烤时要求高温快速成熟。

（2）温度过低，饼干延展过度，曲奇饼干等会有塌的现象，而且口感不好；温度过高，饼干火候太重，易焦煳。

（3）饼干烤好后要注意烤盘的余温，如烤盘持续过热，会造成饼干口感干硬、颜色过重。

（4）对于部分重油饼干，可以采用双层烤盘烘烤，防止底部焦煳。

（5）烤好的饼干底部及四周颜色以金黄色为最佳。

八、饼干的冷却

在饼干冷却过程中，要注意以下四点：

（1）对于没有使用烤盘纸的饼干，成熟后建议趁热将饼干取走晾凉，否则会有粘盘现象发生。

（2）如果饼干质地过软，则需冷却后再从烤盘取出。

（3）饼干不可采用风冷的方式，否则表面会开裂。

（4）所有的饼干制品均需彻底冷却后方可装盒。

九、饼干常见质量问题及原因

饼干常见质量问题及原因见表 6-3-4。

表 6-3-4　饼干常见质量问题及原因

问题	原因
组织粗糙	面粉用量大或筋力高 油脂选用不合理或用量少 搅拌时间过长
成品易碎	搅拌过度 配方中糖、油、膨松剂过量
延展过度	烤箱温度过低 面粉筋力过低 烤盘涂油过多 配方中油、糖、膨松剂过量

能力培养

1. 影响饼干酥脆性的因素有哪些？

2. 如果制作出的饼干过于塌陷，那么下次应从哪几个方面进行改进？

任务反思

影响饼干质量的因素有哪些?

任务6.4 派和挞制作工艺

任务目标

知识: 1. 了解派和挞的概念、特性。

2. 懂得派和挞的分类方法。

3. 掌握葡式蛋挞的制作方法。

能力: 1. 能正确区分派和挞。

2. 能够在馅心和造型上对派进行创新。

知识学习

派和挞是西餐宴会、自助餐和欧美家庭中的常用甜点。

一、派、挞的主要特点

派(pie),俗称馅饼,是西方油酥类点心的代表。它是以面粉、奶油、糖等为主要原料,添加其他一些辅料,经和面、擀制、成型、填馅、成熟、装饰等工艺制成的酥点。

挞(tart),亦称塔,意指馅料外露的馅饼,属于派类。

它们之间的区别在于挞的模具比派的模具要深、边缘和底部的角度要直很多。派多是双皮的,且馅心多是被覆盖的。挞是单皮且馅心外漏的。

派与挞都是由皮和馅两部分组成,都是通过馅心来改变风味的。派、挞常用的馅料有各种水果馅、果仁馅、卡仕达馅、蛋糕面糊馅、蛋膏等。

二、派、挞的分类

1. 按口味分

按口味,派可分为甜和咸两种。甜的多作为点心,咸的多作为正餐前菜食用。甜的大多选用各种水果、巧克力、椰子、鲜奶油、蛋黄等作为馅料和配料。咸的则用火腿、家禽肉、鸡肝泥、海鲜类、奶酪以及蔬菜等作为馅料。

2. 按形状分

按形状,派可分为单皮派和双皮派。单皮派由派皮和派馅两部分组成(图6-4-1)。双皮派以水果派为主,往往在馅料上面加盖一层网状的派皮(图6-4-2)。

图 6-4-1　单皮派

图 6-4-2　双皮派

3. 按面皮分

按照面皮进行分类，派可以分为混酥和清酥两种。混酥面皮比较光滑和完整，有牛油香味，口感像曲奇一样。清酥面皮呈千层酥的状态，口感酥脆，味道甜美。目前也有采用"飞饼"做面皮的。

三、派、挞原料选用原则

（一）坯皮原料的选择

要求同混酥与清酥。

（二）馅心的原料

选用水果做馅时，要求水果要足够新鲜。其他馅料要求在保质期内，特别是禽肉、海鲜、蔬菜等要选用新鲜的。

四、派、挞配方比例

根据制品的要求，选择使用混酥或清酥面团，配方参照酥类点心的要求，根据制品的需要添加辅料和调味品。

五、派、挞主要工艺环节

（一）混酥挞、派皮整形

1. 挞皮

将和好的混酥面团搓成粗细均匀的长条，按照模具的大小取料，刀切下剂，装入挞模，捏制成型，醒制 15 min 左右，在挞底扎几个小孔，防止烘烤时底部凸起，然后放入馅心。

2. 派皮

将和好的混酥面团擀成 0.3 cm 左右厚的面皮，均匀地分割成两块；在派盘内抹上一层黄油，放入一片面皮并轻轻压平，倒入调制好的馅料，四边要薄些，再盖上另一块面皮并扎几个小孔；锁好四边后在表面均匀地刷上蛋液。

（二）馅心制作

1. 水果馅

苹果去皮、核，切成均匀的小丁，加少许糖腌制，用黄油将苹果丁炒香至 7 成熟（图 6-4-3）。

2. 吉士酱

将吉士粉、蛋黄搅拌均匀，冲入糖和牛奶的混合液，中火熬制。

图 6-4-3　苹果馅

（三）烘烤

派：烤箱温度 200 ℃左右，时间 45 ~ 60 min。

挞：烤箱温度 180 ~ 250 ℃，时间 15 ~ 25 min。

六、制品实例——葡式蛋挞

葡式蛋挞，即以蛋浆为馅料，以清酥面做皮，借助小型模具成型，经烘烤成熟的一类点心。

（一）葡式蛋挞的特点

精致圆润的外形，金黄的蛋液，松软香酥、一层又一层的挞皮，奶味、蛋香浓郁，甜而不腻。

（二）葡式蛋挞制作工艺

蛋挞是由外层的清酥皮和内部的馅心（蛋挞水）两部分构成的。

1. 工艺流程

开酥→冷冻→下剂→入模→填馅→烘烤。

制作过程见图 6-4-4。

2. 主要工艺环节

开酥：蛋挞皮的开酥过程同清酥，开酥后将酥皮擀成厚度为 0.5 ~ 1 cm 的均匀面皮，并将酥皮放入冰箱稍加冷冻，让酥层里的油脂凝固，然后取出，用模具下剂。

入模：将剂子放入蛋挞托内，从底部往四边推，直到整个剂子都在蛋挞托内，注意边缘要略高于托。

填馅：将蛋挞水注入蛋挞盏内。

烘烤：烤箱成熟，上下火分别为 220 ℃、250 ℃，时间 15 ~ 20 min。

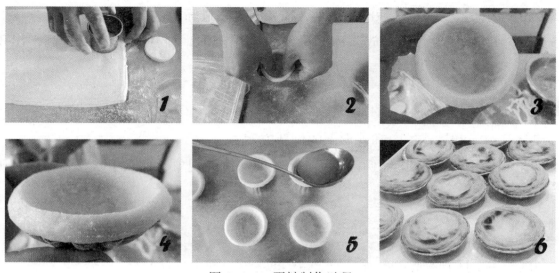

图 6-4-4 蛋挞制作过程

蛋挞水调制

用料：水 400 mL、白糖 175 g、鸡蛋 5 个、牛奶 60 mL、白醋少许。

调制：

1. 将糖与水一起煮开，冷却。

2. 鸡蛋打散。

3. 打散的鸡蛋与牛奶等原料混合均匀，再与糖水混合后过筛即可（图 6-4-5）。

图 6-4-5 调制蛋挞水

（三）葡式蛋挞制作注意事项

制作葡式蛋挞要注意以下事项：

（1）蛋挞模里不需要涂油，因为清酥蛋挞含油较高，所以不会沾模具。

（2）挞皮在模具中成型时，尽量由内往外推，注意不要用手碰蛋挞的边缘，避免破坏酥层。挞的边缘要略高于模具，因为挞皮受热后会有回缩，如果挞皮外沿过低会造成挞水外溢。

（3）挞水装到七分满即可。

（4）为了保证蛋挞细腻、嫩滑的质地，需要将挞水过筛两次。

（5）蛋挞皮入模定型后需放入冰箱冷藏，随用随取，避免室内温度过高，出现混酥现象。

能力培养

1. 设计几组派和挞在馅心和外形上的创新方案。

2. 如果制作出的蛋挞出现了酥层混乱、蛋液回缩的现象，那么下次操作时应从哪几个方面进行改进？

任务反思

挞和派的主要区别有哪些？

项 目 小 结

项目 6 小结见表 6–1。

表 6–1　项目小结表

	任务	知识学习	能力培养
6.1	混酥制作工艺	混酥制品原料选用原则 混酥制品原料配比及工艺流程 混酥制品主要工艺环节 混酥制作的注意事项 混酥制品常见问题及原因	小李制作的曲奇饼干口感干硬，试分析小李失败的原因，并给出合理化建议
6.2	清酥制作工艺	清酥制品原料选用原则 清酥制品配方比例 清酥制品工艺流程 清酥制品主要工艺环节 清酥制品起酥原理 清酥制作的注意事项 清酥制品常见问题及原因	1. 尝试一下用一把钝刀去切分清酥面皮，看看断层处出现了什么现象，烘烤后制品有什么特点 2. 小李同学制作的清酥点心混酥了，请结合所学知识，分析小李可能出现失误的环节，并给出合理化建议
6.3	饼干制作工艺	饼干原料选用原则 饼干的特性 饼干的搅拌方法 饼干面团类型 饼干的成型 烤盘的要求 烘烤的要领 饼干的冷却 饼干常见质量问题及原因	1. 影响饼干酥脆性的因素有哪些？ 2. 如果制作出的饼干过于塌陷，那么下次应从哪几个方面进行改进

续表

任务		知识学习	能力培养
6.4	派和挞制作工艺	派、挞的主要特点 派、挞的分类 派、挞原料选用原则 派、挞配方比例 派、挞主要工艺环节 制品实例——葡式蛋挞	1. 设计几组派和挞在馅心和外形上的创新方案 2. 如果制作出的蛋挞出现了酥层混乱、蛋液回缩的现象，那么下次操作时应从哪几个方面进行改进

项 目 测 试

一、名词解释

1. 派：_____

2. 挞：_____

3. 饼干：_____

4. 清酥点心：_____

5. 混酥点心：_____

二、选择题

1. 混酥类点心的成型方法很多，主要有（ ）。

A. 手工成型 B. 裱注成型 C. 模具成型 D. 冷冻成型

2. 饼干制作时应选择的面粉种类是（ ）。

A. 低筋面粉 B. 中筋面粉 C. 高筋面粉 D. 中、低筋面粉

3. 饼干的特性包括（ ）。

A. 脆度 B. 柔软度 C. 延展性 D. 脆性

4. 饼干的搅拌方法和蛋糕的搅拌方法基本类似，常用的有（ ）。

A. 混合法 B. 乳化法 C. 海绵法 D. 二阶段法

5. 饼干由于配方原料及比例不同，形成的面团性质也不一，主要有（ ）。

A. 韧性面团 B. 酥性面团 C. 脆性面团 D. 软性面团

6. 饼干的成型方法很多，主要有（ ）。

A. 挤注法 B. 擀制法 C. 冷藏法 D. 模板法

7. 油酥面团的调制方法有（ ）。

A. 搅拌法 B. 抄拌法 C. 搓擦法 D. 揉搓法

8. 混酥制品常用面粉种类为（ ）。

A. 高筋面粉 B. 中筋面粉 C. 低筋面粉 D. 任何面粉均可

9. 在混酥类点心制作中，糖类一般选择（　　）。

A. 绵白糖　　　　　B. 白砂糖　　　　　C. 糖粉　　　　　D. 冰糖

10. 酥性面团调制温度应以低温为主，一般温度范围在（　　）。

A. 10 ~ 18 ℃　　　B. 22 ~ 28 ℃　　　C. 20 ~ 22 ℃　　　D. 25 ~ 38 ℃

三、判断题

（　　）1. 主要选择低筋小麦面粉来制作混酥类点心，个别品种也有用中筋小麦粉的，但不能用高筋粉，面筋过多会影响制品的酥松性。

（　　）2. 膨松剂一般选择小苏打、碳酸氢铵、泡打粉，可以增大产品的体积，也可帮助油脂酥松制品。

（　　）3. 水油面团与油酥面团的软硬度没有要求。

（　　）4. 开酥擀制时要在面团及案板上撒少许干粉。擀制力度要均匀，方向要向前，如果用力过猛会出现油脂外漏等破酥现象。每次擀开面团时，厚度不能低于 5 mm，防止粘连混酥。

（　　）5. 饼干烘烤时要求低温慢速成熟。

（　　）6. 温度过低，饼干延展过度，曲奇饼干等会有塌的现象，而且口感不好；温度过高，饼干火候太重，易焦煳。

（　　）7. 饼干烤好后要注意烤盘的余温，如烤盘持续过热，饼干口感干硬，颜色过重。

（　　）8. 对于没有使用烤盘纸的饼干，成熟后建议趁热将饼干取走晾凉，否则会有粘盘现象发生。

（　　）9. 蛋挞模里要涂油，防止粘模具。

（　　）10. 挞水装到 5 分满即可；为了保证烤好的蛋挞细腻、嫩滑，要把挞水过筛两次。

四、综合分析

清酥点心制作过程中，如何避免出现混酥现象？

甜点及其他制作工艺

项 目 导 入

　　甜点是西餐餐桌上不可或缺的美食，是西餐中最后一道菜，是整道宴席的点睛之笔。一个正式的西餐宴会不能没有甜点，缺乏甜点的一餐是不完整的或非正式的一餐。甜点也是冷餐会、酒会常用点心，既能烘托宴会的气氛又能给人舒适的感觉。

　　美味的比萨酱、香甜的芝士、可口的布丁、奇妙的泡芙，让我们一同来探索西点的特殊领域吧。

任务 7.1 布丁制作工艺

任务目标

知识：1. 了解布丁的特点、分类。

2. 知道布丁的制作原理。

3. 熟悉布丁的工艺环节及操作要领。

能力：1. 会熔化吉利丁片。

2. 体会布丁装饰手法。

知识学习

一、布丁简介

布丁（pudding）是一种音译名称，广义来说泛指由浆状材料凝成固体状的食品，如巧克力布丁、面包布丁、约克郡布丁等，常见制法包括焗、蒸、烤等。狭义来说，布丁是一种半凝固状的冷冻甜品，与果冻相似，主要原料有鸡蛋、黄油、白糖、牛奶等，有成熟型和冷藏型两大类。可根据口味和颜色等给布丁命名，如香蕉布丁、牛奶布丁、焦糖布丁等。

二、布丁凝固方式

（1）利用胶凝剂的冷凝特性。布丁常用的胶凝剂有明胶粉、鱼胶粉、吉利丁片、果冻粉、布丁粉等。其中以吉利丁片为最好，是动物软骨的提取物制成的。鱼胶粉有一定的腥味，使用时常常要伴以朗姆酒等。

（2）利用鸡蛋、牛奶等原料中蛋白质遇热凝固的热变性。

三、布丁工艺流程

布丁的制作过程因原料不同而不同，基本上很难将其流程化，下面仅以一种流程为例，概括地介绍一下。

布丁流程举例：

A：1/2 牛奶 + 白糖→小火熔化。

B：鸡蛋→打散。

C：1/2 牛奶 + 吉利丁片 + 果泥拌匀。

A+B+C 搅拌均匀→过筛→装模→成熟（定型）→装饰。

四、布丁主要工艺环节

（一）吉利丁片的熔化

吉利丁片使用前需用冷水浸泡 10 min 至软，然后和少量的牛奶或水，隔水加热熔化（图 7-1-1）。熔化时须注意火候的掌控，中小火即可，切不可大火。火候过高，布丁的口感、营养价值均会受到影响。

图 7-1-1　吉利丁浸泡

（二）布丁的成型

布丁主要借助模具来成型。一般要求采用高边的小型模具，造型和材质根据需要而定，玻璃或不锈钢材质的模具适合蒸熟法，金属材质的模具适合烤熟法，冷藏型的布丁任何材质的模具都适合。因布丁成熟时有一定的胀发，所以装模以六七分满为好。

> **烘焙小贴士**
> 在模具内部涂抹一层黄油后再使用，便于脱模。

（三）布丁的成熟

有的布丁冷藏定型后即可食用，有的布丁则需加热成熟，布丁常见的成熟方法有蒸熟和隔水烤熟（焗制）。

1. 蒸熟

蒸制成熟时，最好在模具上盖一层锡纸（锡纸上扎几个小眼，用来放气），防止水蒸气滴入破坏口感及造型。旺火沸水蒸 30~40 min 即可。

2. 烤熟

水浴法，烤箱上下火温度 220 ℃、240 ℃，时间 30 min 左右。

（四）布丁的装饰

点缀和装饰可使布丁拥有更多的口味和色彩，富有浪漫的情调（图 7-1-2）。布丁的装饰材料种类繁多，常见的有奶油制品、巧克力制品、各种沙司、糖制品以及各种水果等。因原料、造型不同，装饰方法也有所不同，多种手法变换使用能够创造出异彩纷呈的布丁世界。

常见的装饰手法有以下三种：

1. 淋浇

将巧克力、奶油等装饰料制成糊，淋浇在布丁上，形成光滑独特的外表，经冷凝定型后可继续装饰或直接食用。

2. 挤注

将奶油、巧克力等装饰料制成糊，装入带有裱花嘴的裱花袋中，直接在布丁的表面挤注出需要的图形或花纹等。

图 7-1-2　装饰布丁

3. 点缀

把各种水果或巧克力插件点缀在布丁的表面，突出立体感，更美观。

能力培养

实践项目：熔化吉利丁片

一、实践准备

吉利丁片、水、盆、电磁炉等，照相机、录像机各一部，记录表若干。

二、实践过程

1. 每组领取一份吉利丁片。
2. 熔化吉利丁片，并记录下实验过程。
3. 总结出吉利丁片的熔化方法及注意事项。
4. 交流心得体会。

任务反思

布丁装饰时需要注意的问题有哪些？

任务 7.2　芝士蛋糕制作工艺

任务目标

　　知识：1. 了解芝士蛋糕的特点、分类。

　　　　　2. 知道芝士蛋糕原料的选用要求。

　　　　　3. 熟悉芝士蛋糕的工艺流程。

　　能力：1. 能够区别布丁与芝士。

　　　　　2. 体会芝士蛋糕装饰的方法。

知识学习

一、芝士蛋糕简介

　　芝士蛋糕（图7-2-1）又称奶酪蛋糕，起源于古老的希腊。公元776年，雅典奥运会隆重举行，西点大师们为庆祝那次盛会专门创作出一款甜点——芝士蛋糕，这款甜点和那届奥运会一样名声大震，后来经罗马人传播到整个欧洲。

芝士蛋糕是由特殊的芝士，加上糖以及鸡蛋、奶油、低筋粉和水果等制作而成。通常以饼干作为底层，也有不使用底层的。有固定的几种口味，如原味、香草芝士味、巧克力味等，至于表层上的装饰，常常是草莓或蓝莓，也有不装饰或只在顶层薄薄地抹上一层蜂蜜的。

图 7-2-1　芝士蛋糕

二、芝士蛋糕的分类

芝士蛋糕大致分为烘烤型、冷藏型两种。烘烤型芝士蛋糕要入烤箱隔水蒸烤，烤好的蛋糕犹如嫩豆腐般光滑细腻，醇香宜人。蛋糕烤好后不能直接脱模或倒扣，需要入冰箱，冷藏后才可取出食用。冷藏型芝士蛋糕是利用凝固剂凝结奶酪或奶油，再与饼干或传统的蛋糕结合而成，这类蛋糕无须烤箱烘烤，冷藏凝结后即可食用。

三、芝士蛋糕的特点

芝士蛋糕结构紧密、质地绵软、口感湿润。因所用原料和工艺不同，芝士蛋糕的外观和口味有很多变化，有的质地很密，有的蓬松软滑，有的利用吉利丁片或粉凝结而成，有的利用蛋黄或蛋白稍加处理而成，总之这种蛋糕做法百变、风味百变、颜色百变。

四、芝士蛋糕原料选用原则

芝士蛋糕常用原料包括芝士、面粉（杏仁粉）、饼干、黄油、奶油、明胶、酸奶、鸡蛋、细砂糖（糖粉）、柠檬汁、朗姆酒、新鲜水果等。

（1）奶油芝士：芝士蛋糕 90% 用的都是它，由牛奶经细菌发酵而成，味道清淡，光滑柔软，是制作芝士蛋糕的完美材料。

（2）面粉：芝士蛋糕一般以低筋面粉为主，如品种需要可添加少量杏仁粉。

（3）饼干：一般选用消化饼干、曲奇饼干、全麦饼干。

（4）明胶：选用明胶粉或明胶片做凝固剂效果较好。

（5）黄油：使用无盐黄油较好。

（6）奶油：动物脂奶油营养、风味均好于其他奶油。

（7）柠檬汁：新鲜柠檬挤出的汁能够改善芝士蛋糕的口感及风味。

（8）其他：选择要求同戚风蛋糕。

> **烘焙小贴士**
> 芝士在室温环境中软化后使用效果好。

五、芝士蛋糕制作工艺

（一）工艺流程

1. 烘烤型

A：芝士＋牛奶→浸泡（隔水加热）＋蛋黄＋熔化的黄油＋过筛低筋粉等粉质材料→搅拌均匀。

B：蛋白＋细砂糖→搅打到湿性发泡。

A+B→混合→入模→烘烤（隔水）→脱模→冷藏。

2. 冷藏型

A：熔化黄油＋碾碎饼干→拌匀→入模（盖上保鲜膜）→冷冻。

B：芝士＋糖粉→搅打（白色）＋蛋黄＋酸奶＋柠檬汁→搅拌均匀。

C：奶油打发。

C+B→混匀＋熔化的明胶→混匀→加入 A 中→入冰箱→装饰。

（二）主要工艺环节

1. 烘烤型

（1）A 部分中黄油、明胶均需隔水熔化，B 部分蛋黄需要分次加入。

（2）A 部分与 B 部分混合时方法同戚风蛋糕。

（3）采用水浴法烘烤，在烤盘内倒水，水量以没过芝士模具底为宜。

> **烘焙小贴士**
>
> 隔水受热可以保持芝士软嫩的口感。火候根据模具大小而定，一般是炉温上下火为 150～160 ℃，时间 40～50 min。

2. 冷藏型

（1）A 部分，冷冻时间，一般 30 min 左右即可。

（2）B 部分，芝士需要先搅打软化，加入糖粉后充分搅打至颜色发白成糕体状。

（3）C 部分的奶油打到 6 成发即可。

（4）C 和 B 部分混合时速度要慢，搅拌要轻，混合后的糊倒入 A 中，盖上保鲜膜冷冻 60 min 左右即可。

六、芝士蛋糕的装饰

通过装饰点缀可以赋予芝士蛋糕不同的口感、口味。芝士蛋糕的装饰料类似于布丁，常见的有奶油类制品、巧克力类制品、鱼胶溶液类、糖果类以及各种水果。

1. 常见的装饰手法

淋浆：一般需先制作各种鱼胶溶液、巧克力制品等，然后淋在烘烤型芝士蛋糕的表面，形成光滑独特的外表，经冷凝定型后可点缀水果等或切割食用。

挤注：将奶油类、巧克力类装饰料制成糊，装入带有裱花嘴的裱花袋中，直接在表面挤注出需要的图形或花纹等。

点缀：可以将草莓、樱桃等水果，以及巧克力插件、各种装饰糖点缀在芝士蛋糕上。

2. 装饰原则

装饰的主要作用是画龙点睛，所以要注意装饰料的风味要与蛋糕主体相协调，同时注意装饰料不可过多，工艺不可过于繁杂，否则就会有画蛇添足的感觉。

七、芝士蛋糕制作的注意事项

（1）烘焙过程中，前 30 min 不要开烤箱门，否则蛋糕会回缩或开裂。

（2）芝士蛋糕烤好后需在烤箱内放置一段时间后再取出。

（3）芝士蛋糕烘烤及冷却的过程中都不可振动，以免塌陷。

（4）芝士蛋糕切割、装饰、食用前均要彻底凉透，最好在冰箱里冷藏 8 h 以上。

（5）烤箱温度过高会造成芝士蛋糕表面颜色过重甚至开裂。

能力培养

小李同学制作的烘烤型芝士蛋糕口感不暄软，表面有裂痕。请分析小李在制作过程中可能出现的问题，并给出合理化建议。

任务反思

吉利丁如果不用冷水提前浸泡，会对整个操作及产品质量造成什么影响？

任务 7.3　慕斯蛋糕制作工艺

任务目标

知识：1. 了解慕斯蛋糕的特点。

　　　2. 知道慕斯蛋糕原料中吉利丁片的作用与使用方法。

　　　3. 熟悉慕斯蛋糕制作时应遵循的原则。

能力：结合所学知识，尝试制作慕斯蛋糕。

知识学习

慕斯蛋糕一般是由固体料层与液体馅层重叠组合，经冷凝成型的一类甜点。

一、慕斯蛋糕的特点

慕斯具有以下特点：

（1）慕斯蛋糕与布丁一样，属于甜点的一种，较布丁更柔软，入口即化。

（2）慕斯蛋糕的固体料层如选用蛋糕，一般是采用戚风蛋糕的制作方法，即蛋清、蛋黄分别搅打。

（3）慕斯蛋糕馅料一般由动物胶、奶油、水果、巧克力等原料混合而成，所以需冷凝定型。

（4）慕斯蛋糕通常是用吉利丁片凝结乳酪及鲜奶油而成，不必烘烤即可食用，是现今高级蛋糕的代表。

（5）慕斯蛋糕存放时要低温冷藏。

（6）慕斯蛋糕品种很多，有各种水果慕斯、巧克力慕斯等。

二、慕斯蛋糕调制工艺

慕斯蛋糕可以选用的原料范围广泛，调制方法随原料的变化而变化，所以很难将慕斯的制作过程工艺化，以水果慕斯蛋糕为例，概括地介绍一下，仅供参考。

（1）将杧果果泥、糖、浸泡好的吉利丁片加热熔化，混合均匀。

（2）果泥混合物冷却后与打好的鲜奶油一起拌匀。

（3）将蛋糕底坯分次放入模具中，每放一层蛋糕坯淋一层果泥与鲜奶的混合物。

（4）至模具 9 分满，入冰柜冷冻 30 min 左右。

（5）将草莓果泥、糖、浸泡好的吉利丁片加热混匀，冷却。

（6）将冷却后的草莓果泥淋浇在定型的底坯上，再次入冰柜冷冻 60~90 min。

（7）将冷冻好的慕斯取出，脱模、分割。

（8）进行表面装饰。

慕斯蛋糕制作过程见图 7-3-1。

三、慕斯蛋糕成型

慕斯蛋糕成型方法多种多样，可根据实际情况灵活掌握。常见的是将慕斯蛋糕直接装到各种上台服务的容器（玻璃杯、咖啡杯、小碗、小盘）中，定型后顾客直接取食。

西餐上流行的成型方法有以下三种：

1. 立体造型工艺法

采用不同的原料作为慕斯蛋糕的固体料层，如巧克力、饼干、蛋糕等，这种加工方法可使慕斯蛋糕产生极强的立体感。

图 7-3-1　慕斯蛋糕制作过程

2. 食品包装法

以巧克力、脆皮饼干、花色蛋糕、成熟的酥盒等为原料，制作各式食品盒或桶，用来盛放慕斯，然后再配以果汁或鲜水果，上台服务时能够带给顾客极强的视觉刺激，同时也提高了营养价值。

3. 模具成型法

将慕斯糊挤入或倒入各种各样的模具中，放入冰箱冷藏数小时后取出，成型后的慕斯蛋糕形状各异。采用此方法时，为提高产品的稳定性，配方中应增加吉利丁片的用量，适度即可，不可过多，否则食用时口感不好。

四、慕斯蛋糕装饰

慕斯蛋糕成型后需入冰箱冷藏数小时来定型，以保证产品质量。

一般情况下，直接上台的器皿，定型后可直接在器皿内进行装饰。而有些慕斯因定型器皿过大或不适合直接服务客人，在定型后需要取出或更换器皿。再换器皿后，再对制品进行装饰，以保证产品的完整（图 7-3-2）。

图 7-3-2　慕斯蛋糕装饰

五、慕斯蛋糕制作注意事项

（1）配方中的吉利丁片或鱼胶粉要提前浸泡。

（2）采用蛋糕作为慕斯蛋糕固体层的，蛋黄、蛋清要分开搅打。

（3）采用饼干等作为慕斯蛋糕固体层时，需将饼干彻底打碎。

（4）水果要打成水果泥后再用。

（5）配方中有巧克力的，要将巧克力熔化后再与其他配料混合。

（6）配方中有鲜奶油的，应注意奶油不可过度打发。

能力培养

实践项目：制作杧果慕斯蛋糕

查找资料，结合所学内容，根据下面的配方及工艺，尝试制作杧果慕斯蛋糕。

一、实践准备

场地：西点实训室。

人员：教师、小组成员。

设备工具：8 英寸慕斯模具、锡纸、鲜奶搅拌机、电磁炉、刀具、盆、裱花袋、裱花嘴、转台等，照相机、记录本。

原料：杧果果肉 500 g、糖粉 50 g、蜂蜜 30 g、吉利丁片 10 g、动物脂鲜奶油 200 mL、8 英寸戚风蛋糕 4 片（厚度约为 1 cm）。

装饰料：镜面果胶适量，打发动物鲜奶油适量，各种水果及巧克力装饰片任选。

二、实践过程

1. 准备模具，将锡纸包裹在模具底部。
2. 制作杞果泥。
3. 温水浴将杞果泥、蜂蜜、砂糖、泡好的吉利丁片混合均匀。
4. 将动物脂奶油打发。
5. 将制好的杞果泥与打发的奶油混合均匀，成慕斯蛋糕馅。
6. 在模具中分层填入蛋糕片和慕斯蛋糕馅，至模具全满，用抹刀抹平表面。
7. 将慕斯蛋糕模放入冰箱，冷冻 6 h 以上。
8. 取出慕斯蛋糕模，脱模，装饰。

三、实践结果

分享一下你的成果吧！

任务反思

请了解提拉米苏的制作工艺。

任务 7.4　泡芙制作工艺

任务目标

知识：1. 了解泡芙的特点及膨胀原理。
　　　2. 知道泡芙原料。
　　　3. 熟悉泡芙制作的工艺流程、工艺条件。
能力：1. 掌握泡芙主要工艺环节的操作技巧。
　　　2. 能从馅料、造型上开拓创新泡芙。

知识学习

一、泡芙简介

泡芙，起源于意大利，后在法国上层社会流行开来，是一种在面皮中包裹着奶油、巧克力或冰淇淋的中空点心，外皮独特，馅心香醇，口感极佳。

二、泡芙原料

1. 面粉

面粉在泡芙膨胀定型中起到了骨架的作用。面粉中的淀粉在高温作用下发生膨胀糊化，蛋白质凝固变性形成胶黏性很强的面团，烘烤受热时，能够包裹住气体并随之膨胀。高、中、低筋面粉均可用于制作泡芙，面粉筋力不同，泡芙的品质与外观也有所不同。

高筋面粉具有较强的筋力和韧性，能够增加面糊的吸水性，泡芙的膨胀能力随面团内水分的增加而增大。通常情况下，使用高筋面粉制作的泡芙容易向上膨起，形态直立，因未充分向四周膨胀，所以外形不是很完美。

中筋面粉因筋力适中，最适合制作泡芙，其成品无论在外观形态、中空效果，还是在皮质厚薄等方面均有极佳的效果。使用中筋面粉制作的泡芙皮薄、空心大，球体饱满。

低筋面粉筋力过小，面糊内水分含量较少，面筋无法充分扩展，烘焙过程中，受热后容易爆裂，易向四周膨胀，使用低筋面粉制作的泡芙体积较大，中空狭窄，皮质较厚。

2. 油脂

油脂可以使泡芙更加酥香，其特有的润滑作用能增加面团的柔软度，起酥性能给泡芙的外壳带来酥脆的口感。油脂与水分分散在面糊中，随着温度的不断升高，油脂与水剧烈运动、冲击，最终发生油气分离现象，大量的水蒸气使泡芙的体积不断膨大。

油脂种类不同，性质各异，制作泡芙时最好选用油性大、熔化温度低的油脂。黄油是最佳选择，但其操作难度较大、成本较高。目前，大部分店面使用的都是色拉油，具有成本低、操作方便，几乎不会失败等优点，不足之处是味道较黄油淡，且产品易老化。

3. 水

水是烫煮面粉的必需原料，是制品得以膨松的关键。制作泡芙时一般选用中等硬度的水。

4. 鸡蛋

新鲜的鸡蛋蛋清黏性好，能增强面糊张力。蛋黄的乳化性好，可使面团柔软光滑。

5. 盐

盐能够突出泡芙的特殊风味。

6. 膨松剂

一般选用碳酸氢铵，有利于泡芙体积的膨大，根据制品需要添加或不添加。

三、泡芙制作工艺

（一）工艺流程

泡芙制作工艺流程见图 7-4-1。

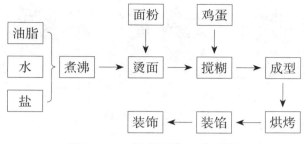

图 7-4-1　泡芙制作工艺流程

（二）配方比例

泡芙配方比例见表 7-4-1。

表 7-4-1　泡芙配方比例

原料	烘焙百分比 /%
面粉	100
水	75 ~ 150
油脂	50 ~ 125
盐	2 ~ 3
蛋	100 ~ 200
牛奶	0 ~ 10
膨松剂	0 ~ 2.5

（三）主要工艺环节

1. 烫面

将水、油、盐放入容器中，中火煮至沸腾（如果使用黄油须完全熔化），接下来倒入过筛的面粉，用勺子迅速搅拌，小火将面团烫熟、烫透后端离火源，注意不要烫焦煳（图 7-4-2）。

图 7-4-2　烫面过程

2. 搅糊

将烫好的面糊放入搅拌缸内（少量可放在面盆中），散热至 60 ~ 70 ℃后，分次加入鸡蛋慢速搅拌，每次添加鸡蛋须与面糊完全融合后再加下一个。挑起面糊如果微微下流，说明面糊已经达到标准。需要注意的是，面糊搅拌时的温度不能低于 40 ℃（图 7-4-3）。

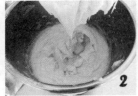

图 7-4-3 搅糊过程

3. 成型

面糊调制完成后即可进入成型阶段，"挤注"是泡芙成型最好也是最直接的方法，具体做法是将面糊装入套好裱花嘴的裱花袋内，按制品所需形状直接挤注在烤盘内（图7-4-4）。

图 7-4-4 成型挤注　　　　　　　　　图 7-4-5 烘烤成熟

成型时需要注意以下问题：

（1）挤注时烤盘不能抹油，防止面糊流动性增大，制品形状发生改变。正确的做法是在干净的烤盘内撒少许高筋面粉或铺一层烤盘纸。

（2）同一烤盘的制品造型大小要一致，制品在烤盘内要保持一定的间距，制品越大，间距越大。

4. 烘烤

烘烤是泡芙成熟的方法，决定泡芙的最后形态（图7-4-5）。泡芙成熟时有三个阶段的变化。

（1）胀发阶段。泡芙刚进烤箱时，随着温度的升高，面坯的体积迅速增大，此时烤箱的上、下火分别在 180 ℃、200 ℃ 左右为好。下火略高，便于面团内的水分吸收足够的热量汽化，而上火略低，制品顶部不易定型，便于面团继续胀发。需要注意的是此阶段不可开烤箱门，防止冷空气进入。冷空气一旦进入，泡芙顶部遇冷，温度骤降会有坍塌，此阶段持续8～15 min，体积膨胀 3 倍左右。

（2）定型阶段。当泡芙体积增大到 3 倍左右时，表面开始爆裂、颜色逐渐向金黄色方向发展，此时可将烤箱上、下火温度分别调整为 200 ℃、180 ℃ 左右。上火升高，便于表面上色，下火降低，防止底部焦煳。此时可以打开烤箱门，如烤箱火候不均衡，可调换烤盘方向。此阶段泡芙表面已经定型，但内部组织依然湿润（不可反复开烤箱门）。定型阶段约需 10 min。

烘焙小贴士

　　泡芙成熟还可以采用油炸的方法，一般的做法是将面糊用勺子舀成圆形，下入六成热的油锅中，翻炸成熟，沥净油，可以配合果酱或粘裹巧克力食用。

（3）成熟阶段。此阶段主要完成泡芙内部组织的成熟。烤好的泡芙表面爆裂完全，整体颜色金黄，此阶段约需 10 min。

四、装馅

　　成熟的泡芙冷却后方可进行装饰、填馅，泡芙常用馅心有奶油馅、巧克力馅、水果馅等（图 7-4-6）。

（1）圆形的泡芙需要在底部扎一个小孔，从小孔处挤入馅料。

（2）长方形的泡芙可在侧面开个长条的口，从口处挤入馅心。

（3）造型泡芙可根据制品需要进行装饰。

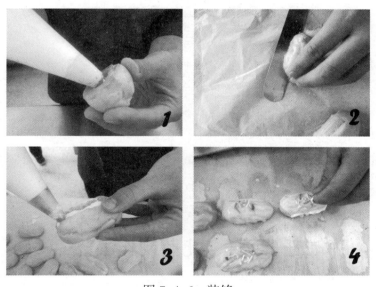

泡芙

图 7-4-6　装馅

五、泡芙常见问题及原因

常见问题：胀发不好。

主要原因有以下四点。

（1）配方不合理，液体含量低。

（2）面没烫熟、烫透。

（3）烤箱温度、时间控制不合理。

（4）面糊搅拌时间过长。

能力培养

实践项目：制作泡芙

查找资料，结合所学知识，根据书中的配方，尝试制作一份泡芙。

一、实践准备

场地：西点实训室。

人员：教师、小组成员。

设备工具：电磁炉、盆、电子秤、搅拌缸、裱花嘴、裱花袋、烤盘、鲜奶搅拌机等，以及笔记本、照相机、记录本等。

二、实践要求

1. 认真选择、准确称量原材料。

2. 小组分工合作，教师指导。

3. 注意安全及卫生。

三、实践结果

小组成员间分享自己制作的泡芙。

任务反思

小李同学制作的泡芙口感干硬，体积很小，顶部几乎没有爆裂，请分析小李在制作过程中可能出现的问题，并给出合理的建议。

任务 7.5　比萨制作工艺

任务目标

知识：1. 了解比萨的特点与膨胀原理。

　　　2. 知道比萨原料的选用要求。

　　　3. 熟悉比萨制作的工艺流程、工艺条件。

能力：1. 掌握比萨主要工艺环节的操作技能。

　　　2. 能从馅料上开拓创新。

知识学习

比萨又译作披萨、匹萨，是由发酵的饼底、奶酪、酱汁和馅料构成，经烤制成熟的、具有意大利风味的食品，人们普遍认为那不勒斯是比萨的发源地。

一、比萨的特点

上等的比萨必须具备四个特质：新鲜的饼皮、上等的奶酪、顶级的比萨酱和新鲜的馅料。现做的饼底外层香脆、内层松软。纯正的奶酪是比萨的灵魂，正宗的比萨一般都选用富含蛋白质、维生素、矿物质和钙质的奶酪，普遍认为马苏里拉奶酪是比萨的首选。比萨酱由鲜美的番茄混合纯天然香料制成，具有浓郁的风味。所有馅料必须新鲜，且都是上等品种。成品比萨必须软硬适中，即使将其如"叠被子"一样折叠起来，外层也不会破裂，这是鉴定比萨质量的重要依据。

无论使用番茄、火腿、蔬菜还是用其他调料，比萨饼的浇头多半会有红、绿、白（奶酪）三种颜色。这三种颜色是意大利国旗的颜色。

> **烘焙小贴士**
>
> 比萨出炉即食，风味最佳。

二、比萨的分类

1. 按大小分类

按大小分类，比萨可分为 6 英寸比萨，可供 1~2 人食用；9 英寸比萨，可供 2~3 人食用；12 英寸比萨，可供 4~5 人食用。

2. 按饼底分类

按饼底分类，比萨可分为铁盘比萨、手抛比萨。

3. 按饼底的成型工艺分类

按饼底的成型工艺分类，比萨可分为机械加工成型饼底、手工加工成型饼底。

4. 按厚度分类

按厚度分类，比萨可分为厚比萨、薄比萨。

5. 按总体工艺分类

按总体工艺分类，比萨可分为意式比萨、美式比萨。

三、比萨原料选用原则

（一）主要原料

皮料：面粉、牛奶、酵母、糖。

馅料：黄油、奶粉、食用油、番茄沙司、香蒜辣酱、乳酪丝、青椒、洋葱、虾仁、口蘑等。

调料：盐、味精、胡椒粉、酸辣汁、橄榄油等。

（二）选用原则

1. 面粉

严格地讲，比萨饼底的面粉一般用春冬两季的甲级小麦研磨而成，蛋白质含量 10% 以上，饼店通常使用优质的中筋小麦粉。

薄皮比萨通常使用高筋面粉，蛋白质含量高，面筋形成完整，良好的面筋能够延续酱汁润湿饼皮的时间。蛋白含量适中的面粉通常用来制作较厚的比萨，中筋粉面团收缩较小，饼皮富有嚼头而又不韧。

2. 盐

传统薄皮比萨通常只加 1.0% ~ 1.5% 的盐，而厚皮比萨可添加 1.5% ~ 2.0% 的盐，以保证产品的风味。

3. 糖

选用细砂糖效果较好。糖可为酵母发酵提供养分，因糖发生的美拉德和焦糖化反应可使饼皮有很好的色泽。若生产不需酵母（或只需少量酵母）的自发冷冻比萨，可用葡萄糖、糖浆、蜂蜜等代替细砂糖，一样能获得良好的烘焙颜色。

4. 油脂

油脂的种类对饼皮的风味有很大的影响。橄榄油、黄油风味好但价格较贵，为降低成本，通常将 10% ~ 20% 的橄榄油（或黄油）与其他油脂混合使用。油脂用量不足会使面团发黏、流动性欠佳、成型效果不好，同时酱汁里的水分容易扩散至饼皮内，使口感和风味都发生改变。油脂的使用量一般为面粉量的 5% ~ 15%。如比萨需长期冻藏，建议使用不易氧化、稳定度高的玉米油、大豆油。

5. 酵母

新鲜浓缩酵母比压榨干酵母效果好，一般酵母用量是面粉量的 0.25% ~ 1%。

6. 水

水对面团的性质有很大影响。过量的水会使面团软、黏，不易成型，导致烘烤时饼皮因流动性过大而冲出饼盘。水分含量不足时，面团干、硬，饼皮涨发达不到理想的效果，最终影响产品的质量和口感。通常加水量为面粉量的 45% ~ 55%，视面粉吸水量及配方做具体调整。

7. 还原剂

比萨中添加少量的还原剂，能够改善面筋结构，减小面团张力，缩短搅拌时间，防止烘烤后制品表皮起泡或剥离。

四、比萨制作工艺

（一）工艺流程

比萨制作工艺流程见图 7-5-1。

图 7-5-1　比萨制作工艺流程

（二）原料及配方比例

比萨原料及配方比例见表 7-5-1。

表 7-5-1　比萨原料及配方比例

原料	烘焙百分比 /%
高筋面粉	100
酵母	1
膨松剂	0 ~ 2.5
盐	1
油脂	5
牛奶	0 ~ 10
水	45 ~ 55

（三）主要工艺环节

1. 和面

面粉过筛后与牛奶、鸡蛋、酵母、糖、盐和水混合后，搅拌、揉搓成均匀光滑的面团。

2. 准备配料

配料包括调味品和蔬果类。

调味品：准备番茄沙司、沙拉酱、奶酪丝或奶酪小丁。

蔬果类：准备熟甜玉米粒，口蘑片，胡萝卜小片，青、红椒圈或丝，虾仁等。

3. 成型

比萨盘上刷黄油或植物油，将发好的面平摊在盘底上，用手向四边推面，直推到面皮铺满整个比萨盘，需要注意的是推好的面皮要边缘厚、中间薄。在饼皮上扎出均匀的细孔。然后在面饼上淋少许植物油，加番茄沙司、沙拉酱，再撒上蔬果类的配料，最后均匀地撒上奶酪丝或奶酪小丁（图 7-5-2）。

图 7-5-2 比萨成型

4. 烘烤

比萨烘烤上、下火均 220 ℃，烘烤 20 min。

> **职业好习惯**
>
> 成熟时，在比萨饼上盖一层锡纸，这样可以避免过热的上火把奶酪烤煳。

能力培养

查找资料，比较分析美式比萨与意式比萨的相同点和不同点。

任务反思

比萨成熟时要在饼皮上扎出均匀的小细孔，这样做的目的是什么呢?

项 目 小 结

项目 7 小结见表 7-1。

表 7-1 项目小结表

	任务	知识学习	能力培养
7.1	布丁制作工艺	布丁简介 布丁凝固方式 布丁工艺流程 布丁主要工艺环节	熔化吉利丁片
7.2	芝士蛋糕制作工艺	芝士蛋糕简介 芝士蛋糕的分类 芝士蛋糕的特点 芝士蛋糕原料选用原则 芝士蛋糕制作工艺 芝士蛋糕的装饰 芝士蛋糕制作的注意事项	小李同学制作的烘烤型芝士蛋糕口感发面、表面有裂痕，请分析小李在制作过程中可能出现的问题，并给出合理的建议

续表

任务	知识学习	能力培养
7.3　慕斯蛋糕制作工艺	慕斯蛋糕的特点 慕斯蛋糕调制工艺 慕斯蛋糕成型 慕斯蛋糕装饰 慕斯蛋糕制作注意事项	小李同学要过生日，请你帮他制作一个杧果慕斯蛋糕
7.4　泡芙制作工艺	泡芙简介 泡芙原料 泡芙制作工艺 装馅 泡芙常见问题及原因	制作一份泡芙
7.5　比萨制作工艺	比萨的特点 比萨的分类 比萨原料选用原则 比萨制作工艺	查找资料，比较分析美式比萨与意式比萨的相同点和不同点

项 目 测 试

一、名词解释

1. 比萨：_____

2. 布丁：_____

3. 芝士蛋糕：_____

4. 慕斯：_____

5. 泡芙：_____

二、选择题

1. 布丁常见的成熟方法有（　　）。

A. 蒸熟　　　　　　B. 隔水烤制　　　　　C. 焗制　　　　　D. 煎熟

2. 布丁的装饰料种类繁多，常见的有（　　）。

A. 奶油类制品　　　B. 巧克力类制品　　　C. 各种沙司　　　D. 糖类制品

3. 布丁装饰常见的手法有（　　）。

A. 挤注　　　　　　B. 点缀　　　　　　　C. 淋浇　　　　　D. 涂抹

4. 目前，西餐中流行的慕斯蛋糕成型方法有（　　）。

A. 立体造型工艺法　B. 食品包装法　　　　C. 模具成型法　　D. 直接成型法

5. 泡芙面团属于（　　）。

A. 冷水面团　　　　B. 温水面团　　　　C. 烫面团　　　　D. 蛋面团

6. 泡芙面糊搅拌时温度不能低于（　　）。

A. 30 ℃　　　　B. 40 ℃　　　　C. 50 ℃　　　　D. 60 ℃

7. 泡芙成型时需要注意的是（　　）。

A. 挤注时烤盘不能抹油　　　　　　B. 同一烤盘的制品造型大小要一致

C. 制品在烤盘内要保持一定的间距　　D. 制品越大间距越大

8. 泡芙在烤箱内成熟过程可分为哪几个阶段（　　）。

A. 受热阶段　　　　B. 胀发阶段　　　　C. 定型阶段　　　　D. 成熟阶段

9. 上等的比萨必须具备的特质是（　　）。

A. 新鲜饼皮　　　　B. 上等芝士　　　　C. 顶级比萨酱　　　　D. 新鲜的馅料

10. 比萨常用的调料有（　　）。

A. 盐　　　　B. 胡椒粉　　　　C. 咖喱　　　　D. 橄榄油

三、判断题

（　　）1. 吉利丁片使用前需用冰水浸泡 10 min 至软。

（　　）2. 布丁水浴法烘烤要求烤箱上、下火温度分别为 220 ℃、240 ℃，时间 10 min 左右。

（　　）3. 芝士蛋糕结构紧密，质地绵软，口感湿润。

（　　）4. 一般芝士蛋糕烤好后可直接取出。

（　　）5. 慕斯蛋糕的馅料由奶油、水果、巧克力等混合而成，不需要冷凝定型。

（　　）6. 泡芙的胀发源于面糊中各种原料的特征及面坯特殊的工艺方法——烫面团。

（　　）7. 高筋面粉制作的泡芙皮薄、空心大，类似球体。

（　　）8. 按总体工艺，比萨可分为意式比萨、德式比萨。

（　　）9. 马苏里拉奶酪是比萨常用奶酪。

（　　）10. 比萨饼皮做好后要扎出均匀的细孔。

参考书目

[1] 韦恩·吉斯伦. 专业烘焙 [M]. 谭建华, 赵成艳, 译. 大连: 大连理工大学出版社, 2004.

[2] 钟志惠. 西点生产技术大全 [M]. 北京: 化学工业出版社, 2012.

[3] 沈军. 中西点心 [M]. 2 版. 北京: 高等教育出版社, 2012.

[4] 吴孟. 面包糕点饼干工艺学 [M]. 北京: 中国商业出版社, 1992.

[5] 周寿田. 膳食营养与食疗 [M]. 北京: 中国商业出版社, 1993.

[6] 肖崇俊. 西式糕点制作新技术精选 [M]. 北京: 中国轻工业出版社, 2000.

[7] 王森. 面包制作入门 [M]. 2 版. 北京: 中国轻工业出版社, 2015.

[8] 贡汉坤. 焙烤食品工艺学 [M]. 北京: 中国轻工业出版社, 2001.

郑重声明

高等教育出版社依法对本书享有专有出版权。任何未经许可的复制、销售行为均违反《中华人民共和国著作权法》，其行为人将承担相应的民事责任和行政责任；构成犯罪的，将被依法追究刑事责任。为了维护市场秩序，保护读者的合法权益，避免读者误用盗版书造成不良后果，我社将配合行政执法部门和司法机关对违法犯罪的单位和个人进行严厉打击。社会各界人士如发现上述侵权行为，希望及时举报，我社将奖励举报有功人员。

反盗版举报电话　　（010）58581999　58582371

反盗版举报邮箱　dd@hep.com.cn

通信地址　北京市西城区德外大街4号　高等教育出版社法律事务部

邮政编码　100120

读者意见反馈

为收集对教材的意见建议，进一步完善教材编写并做好服务工作，读者可将对本教材的意见建议通过如下渠道反馈至我社。

咨询电话　400-810-0598

反馈邮箱　zz_dzyj@pub.hep.cn

通信地址　北京市朝阳区惠新东街4号富盛大厦1座

　　　　　高等教育出版社总编辑办公室

邮政编码　100029

防伪查询说明

用户购书后刮开封底防伪涂层，使用手机微信等软件扫描二维码，会跳转至防伪查询网页，获得所购图书详细信息。

防伪客服电话

（010）58582300

学习卡账号使用说明

一、注册/登录

访问http://abook.hep.com.cn/sve，点击"注册"，在注册页面输入用户名、密码及常用的邮箱进行注册。已注册的用户直接输入用户名和密码登录即可进入"我的课程"页面。

二、课程绑定

点击"我的课程"页面右上方"绑定课程"，在"明码"框中正确输入教材封底防伪标签上的20位数字，点击"确定"完成课程绑定。

三、访问课程

在"正在学习"列表中选择已绑定的课程，点击"进入课程"即可浏览或下载与本书配套的课程资源。刚绑定的课程请在"申请学习"列表中选择相应课程并点击"进入课程"。

如有账号问题，请发邮件至：4a_admin_zz@pub.hep.cn。